DK观星

夜空探索初学者的完备指南

PLANISPHERE AND STARFINDER

【英】卡罗尔·斯托特 【英】贾尔斯·斯帕罗 著 寇 文 译

科学普及出版社
北 京·

Original Title: Planisphere and Starfinder
Copyright © 2007, 2010, 2013, 2019 Dorling Kindersley Limited,
A Penguin Random House Company
本书中文版由 Dorling Kindersley Limited
授权科学普及出版社出版，未经出版社许可不得以
任何方式抄袭、复制或节录任何部分。

版权所有 侵权必究
著作权合同登记号：01-2019-0355

图书在版编目（CIP）数据

DK观星 ／（英）卡罗尔·斯托特，（英）贾尔斯·斯
帕罗著；寇文译. -- 北京 ：科学普及出版社，
2022.1
书名原文：Planisphere and Starfinder
ISBN 978-7-110-10049-3

Ⅰ. ①D… Ⅱ. ①卡… ②贾… ③寇… Ⅲ. ①星座—
青少年读物 Ⅳ. ①P151-49

中国版本图书馆CIP数据核字(2019)第249651号

策划编辑 邓　文
责任编辑 郭　佳
封面设计 朱　颖
责任校对 张晓莉
责任印制 李晓霖

科学普及出版社出版
北京市海淀区中关村南大街16号　邮政编码:100081
电话:010-62173865　传真:010-62173081
http://www.cspbooks.com.cn
中国科学技术出版社有限公司发行部发行
当纳利（广东）印务有限公司印刷
开本:635mm×965mm　1/8　印张:15.5　字数:260千字
2022年1月第1版　2022年1月第1次印刷
ISBN 978-7-110-10049-3/P • 215
印数:1—8000册　定价:158.00元

（凡购买本社图书，如有缺页、倒页、
脱页者，本社发行部负责调换）

混合产品
源自负责任的
森林资源的纸张
FSC® C018179

For the curious
www.dk.com

目 录

* 编者注：本书数据截至2021年7月

星轨

　　由于地球的自转，照相机长时间曝光拍摄可以记录下明亮恒星在天上运动的轨迹。照片前景是夏威夷莫纳克亚山顶上加拿大—法国—夏威夷望远镜的圆顶。

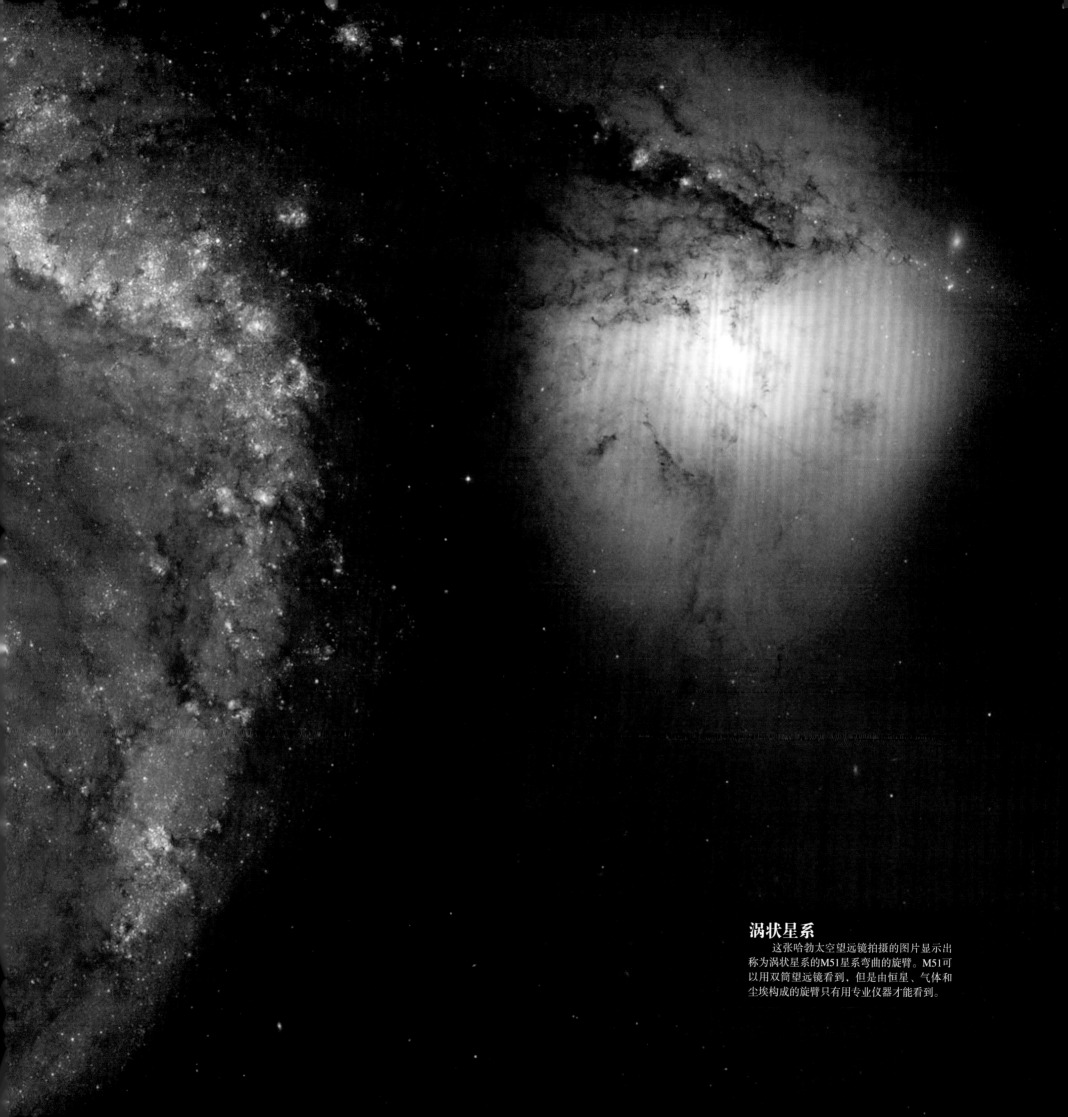

涡状星系

这张哈勃太空望远镜拍摄的图片显示出称为涡状星系的M51星系弯曲的旋臂。M51可以用双筒望远镜看到，但是由恒星、气体和尘埃构成的旋臂只有用专业仪器才能看到。

北极光

北极光是太阳粒子与地球大气中的气体碰撞的结果。空气中的氧和氮含量决定了这个壮观的光幻表演的颜色。

南极光

这张从发现号航天飞机上拍摄的照片显示出南极光像一个环绕南极的光亮的王冠。南极光不像北极光那么容易看到，只在某些偏远的地方可以见到。

业余天体摄影

　　一位业余天文摄影师在他位于澳大利亚昆士兰的花园中拍下了这张马头星云的照片，图片中看起来像马头的暗云主要是由尘埃组成的。

流星雨

　　快速划过天空的光迹称作流星，人们可以在一年一度的狮子座流星雨出现时看到这种光迹。狮子座流星雨之所以和狮子座有关，是因为看起来流星像是狮子座出发的。

彗尾

在这张图片上可以清楚地看到海尔-波普彗星的两条尾巴。白色的是尘埃尾,而蓝色的是气体尾。由于体积大,海尔-波普彗星是20世纪极其明亮的彗星之一。

月食

　　这张照片是月食期间经过多次曝光合成的。月食只发生在满月的时候，是月球进入地球阴影，月面变暗的现象。

探索之路

夜空中的星星在新手的眼中是一片杂乱——无数看起来都一样的光点镶嵌在围绕着地球的大球上。这个假想的天球是你在星空中漫游的钥匙。用不了多久，你会发现一些亮星组成了各式各样的图案，它们可以当作认星的指示牌，引导我们改变观察星空的视野，也可以看作行星在天空中运行时的星空背景。一旦使用这种方法，星空将在你的眼前变得井然有序。

新生的恒星

在已知最活跃的恒星形成区域中心闪耀着一团新生的恒星，整个区域称作N66，它位于银河系的伴星系——小麦哲伦云中。

仰望太空

宇宙中充满了无数的未知领域，对我们有着极大的吸引力，但是未知领域的数量和种类之多使得对它们的探索看起来像是一个不可能完成的目标。尽管如此，宇宙还是有次序的，天体可以分成各种类型，我们已经认识到宇宙的尺度、结构和形式。基于这个基本的了解，就有可能开启一段迷人的发现之旅。

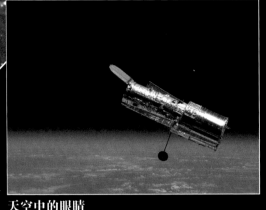

天空中的眼睛

通过望远镜和太空探测器，行星、恒星和星系已经呈现在我们面前。哈勃太空望远镜从1990年以来一直注视着宇宙。

走向可见宇宙的边缘

从我们的家园向外走入宇宙约略需要走五步，我们从地球来到月球，然后是太阳系、银河系、本星系群，在这之外，我们向更深的太空望去，会找到更多的星系。

■ 宇宙之窗

我们地球上的天空是通往宇宙的窗口，当我们向外太空观察时，可以看到宇宙中的各种天体。在白天，只能看到一个巨大的天体——太阳，它是属于我们的恒星，它的光辉能照亮整个天空。在晴朗的夜晚，黑暗的天空中布满繁星，肉眼可以看到的星星数量超过2000颗，用双筒望远镜观察的话，这个数字能上升到40000以上。仔细观察，我们会看出有些天体并不是一个亮点，呈圆面状的是行星，那些模糊的光斑则是充满恒星的星系。宇宙中的天体距离我们都十分遥远，肉眼很难辨别它们与地球间距离的大小，看起来似乎都和地球有着相同的距离。实际上，不仅它们和我们的距离有很大不同，它们彼此之间的距离也有非常大的差别。我们的"邻居"包括太阳、月球和行星，向外是恒星世界和银河系，再向外是大量的充满恒星的星系。

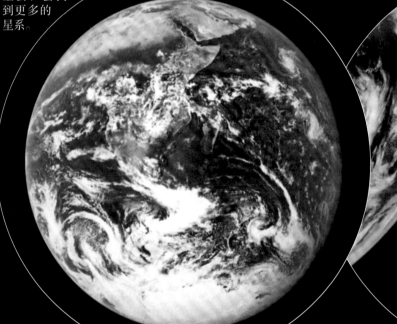

地球：我们的家园

地球，一颗蓝色的岩石星球，直径12756千米，是已知宇宙中唯一有生命的地方，其独特之处是表面大部分被液态水所覆盖。当地球在太空中旋转时，我们可以看到宇宙的不同部分。

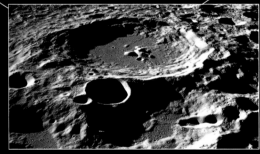

月球

月球是离地球最近的天体，是天空中我们最熟悉的角色。在它最亮的时候，是天空中仅次于太阳的亮天体。这个岩石星球在太空中陪伴着地球，每27.3天环绕地球一圈。月球是一个干燥、死寂的世界，布满了数十亿年前形成的陨石坑。月球是除地球之外人类唯一一漫步过的星球。

太阳系

地球和月球是太阳系（顶图）的一部分。太阳系包含数十亿个天体，质量最大的天体——太阳位于中央，太阳系其他成员都围绕它运动。接下来相对较大的是八颗行星，其中最大的是木星（上图所示）。彗星和小行星数量庞大，但个头儿都较小。

测量距离

　　宇宙是如此广阔，在地球上使用的计量单位（比如千米）在这里马上就显得不够用了。千米可以用来描述太阳系内行星的大小，以及它们之间的距离。一旦出了太阳系，常用的单位是光年（ly）。1光年是9.46万亿千米，是光在一年中运行的距离。光速是每秒299792千米，在宇宙中没有比它速度更快的了。据说仙女座

大星系距离地球有250万光年，它的光走过这段距离到达地球需要250万年，也就是说我们现在看到的是它250万年前的样子。相比之下，太阳的光线到达地球只需要8分半钟。在下面的图表中，第一格代表10000千米，后边每一格比前一格增加了10倍。

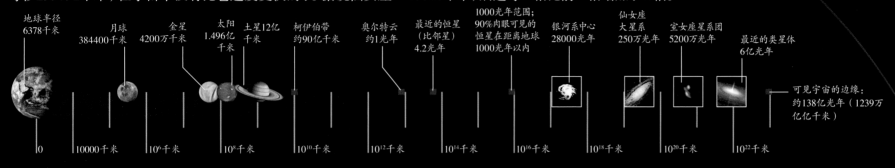

| 地球半径 6378千米 | 月球 384400千米 | 金星 4200万千米 | 太阳 1.496亿千米 | 土星12亿千米 | 柯伊伯带 约90亿千米 | 奥尔特云 约1光年 | 最近的恒星 （比邻星） 4.2光年 | 1000光年范围； 90%肉眼可见的 恒星在距离地球 1000光年以内 | 银河系中心 28000光年 | 仙女座 大星系 250万光年 | 室女座星系团 5200万光年 | 最近的类星体 6亿光年 | 可见宇宙的边缘： 约138亿光年（1239万亿亿千米） |

0　10000千米　10^6千米　　10^8千米　　10^{10}千米　　10^{12}千米　　10^{14}千米　　10^{16}千米　　10^{18}千米　　10^{20}千米　　10^{22}千米

与地球中心的距离

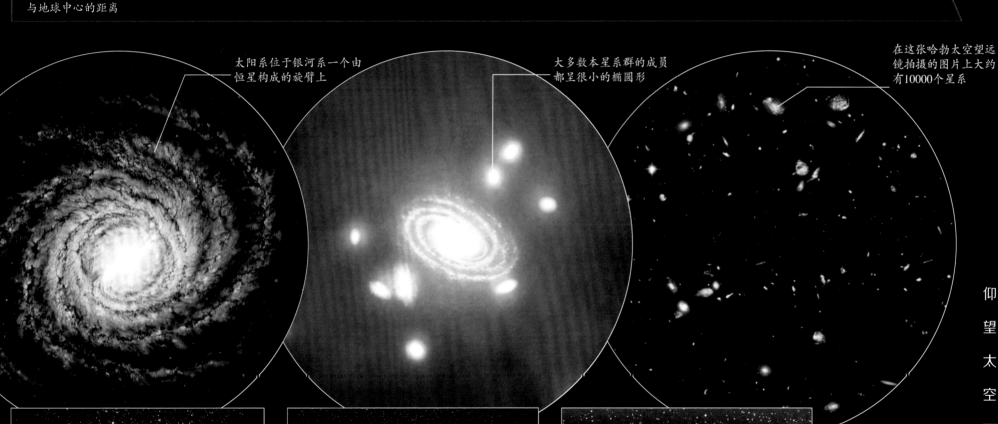

太阳系位于银河系一个由恒星构成的旋臂上

大多数本星系群的成员都呈很小的椭圆形

在这张哈勃太空望远镜拍摄的图片上大约有10000个星系

银河系

　　太阳只是银河系亿万颗恒星中的一颗（顶图），这些恒星组成一个盘，中心处恒星集中，再从中心盘旋出由恒星组成的旋臂。我们在夜晚看到的所有恒星都是属于银河系的，其中还有星团（上图）和形成恒星的巨大的气体尘埃云。

本星系群

　　银河系是共同存在于太空中的一组由40个以上星系组成的群体中的一个，它们统称为本星系群（顶图）。银河系和仙女座大星系（上图）是其中最重要的部分。仙女座大星系比银河系大2.5倍，是肉眼可见的最遥远的天体。

宇宙中的星系

　　无论我们向太空中的哪个方向看，无论看多远，看到的都是星系（顶图），对它们总数的一种估计是2000亿个。它们存在于星系团（上图）中，再进一步串联成超星系团，这是宇宙中最大的结构。其中最著名的是武仙座和半人马座超星系团。

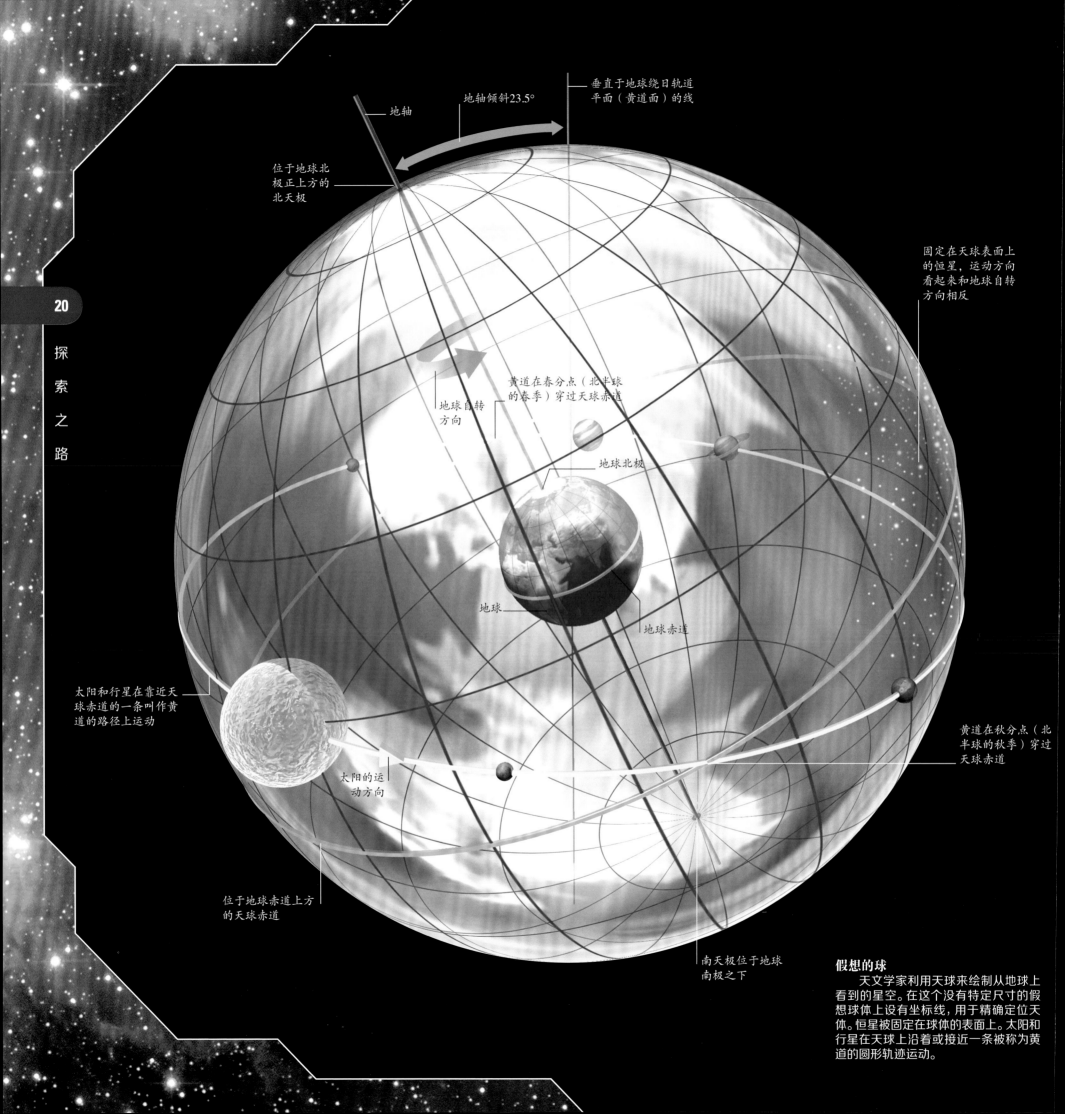

探索之路

地轴

地轴倾斜23.5°

垂直于地球绕日轨道
平面（黄道面）的线

位于地球北
极正上方的
北天极

固定在天球表面上
的恒星，运动方向
看起来和地球自转
方向相反

地球自转
方向

黄道在春分点（北半球
的春季）穿过天球赤道

地球北极

地球

地球赤道

太阳和行星在靠近天
球赤道的一条叫作黄
道的路径上运动

太阳的运
动方向

黄道在秋分点（北
半球的秋季）穿过
天球赤道

位于地球赤道上方
的天球赤道

南天极位于地球
南极之下

假想的球
　　天文学家利用天球来绘制从地球上
看到的星空。在这个没有特定尺寸的假
想球体上设有坐标线，用于精确定位天
体。恒星被固定在球体的表面上。太阳和
行星在天球上沿着或接近一条被称为黄
道的圆形轨迹运动。

星空

从地球上望去，我们看到一个充满恒星的宇宙。恒星离我们太远了，看起来离我们的距离就像是一样的，它们会保持彼此的相对位置一起移动。这些恒星似乎是被固定在一个围绕地球的巨大球体上。虽然实际上并不是这样，但这个想象中的天球是一个有用的天文工具。

天球

对于任何想熟悉夜空的人来说，天球是很重要的。从初学者到有经验的天文学家，所有观测者都需要它——有助于我们了解在特定的观测地点、时间和日期究竟能在天空中看到什么。天球上的坐标线可以帮助我们在巡视天空时精确定位恒星的位置。天球赤道与地球的赤道同心，把天球上的天空分为南北两个半球。南北天极在地球的两极之下（上）。

当地球自转时，固定在天球上的遥远恒星似乎在围绕两极旋转。更近的太阳和行星在固定的恒星背景下运动。太阳的轨道——黄道在两个点穿过天球赤道，称为分点。月球和行星沿着靠近黄道的路径运行。

改变视野

在地球上的任何一个地点，在某个特定的时间只能看到天球的一部分。夜晚的星空随着地球自转而改变。地球自西向东转，因此星星在天空中从东向西移动。星空在一年中也会发生变化（见第22~23页）。比如，当太阳沿着黄道缓缓移动时，其星空背景会逐渐发生变化，出现在冬季白日天空中的星星可以在一年中晚些时候的夜空中看到。观测者所处的位置不仅决定了天球的哪一部分可见，还决定了恒星如何在天空中移动。除了在赤道上，观测者总是会看到天极周围的一部分天空在地平线之上，星星绕着天极转。天极高度越高，你看到的拱极星就越多。天极在天空中的位置与你所在地球上的纬度相对应。例如，对于40° N的观测者来说，北天极位于正北方地平线上40°。

你所看到的天空

观测者所处的地理纬度决定了他能看到天球的哪一部分。大多数人都能看到一个半球的全部和另一个半球的一部分，但不能同时看到所有的东西。随着地球每天自转和每年绕太阳公转，不断有新的天区显现出来。

图例
— 地平线
● 观测者

■ 恒星永远可见
■ 恒星有时可见
■ 恒星永远不可见

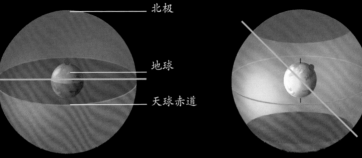

在北极观测
在地球北极的观测者只能看到天球北半球的恒星。

在中纬度地区观测
靠近观测者所处半球天极的恒星永不落下，离天极较远的恒星随地球自转和公转升起和落下。

在赤道上观测
天球的所有部分都是可见的。天球赤道经过头顶，天球两极在地平线上遥遥相对。

美国所见的猎户座

日本所见的猎户座

同一片天空
在同一纬度但在地球另一边（所处经度不同）的观测者看到的是同一片天空。美国亚利桑那州的观测者在晚上11点（左图）可以清楚地看到猎户座。数小时后，随着地球自转，在日本东京（右图）晚上11点也能看到同样的猎户座。

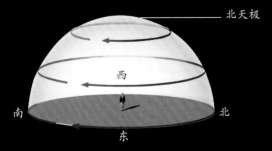

星星在两极的运动
在北极，星星在头顶上绕着北天极逆时针旋转。在南极，星星以相反的方向顺时针旋转。

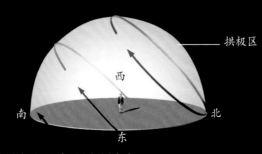

星星在中纬度地区的运动
在中纬度地区，从东方地平线升起的星星斜穿过天空，在相反的西方地平线上落下。同时，一些拱极星永不落下。

星星在赤道地区的运动
在赤道上观测，东方地平线上的星星垂直升起，经过观测者头顶的天空，然后在西方落下。

星空的变化

我们看到的星空是在不断变化的。由于地球每天在不停地自转，太阳落入地平线，黑夜降临，遥远的星星映入我们的眼帘。同时，地球在一年当中也在不断地运动，从地球上固定地点进行观测，星空也在变化。太阳、月球和行星沿着自己的轨道以星空为背景运动，我们通过特别的星空图案——黄道星座来定位和追踪它们的运动。

你的视野在不断变化

地球的一面朝向太阳而被照亮即为白天，同时另一面朝向夜晚的星空。地球围绕它的轴昼夜不停地旋转，一个固定地点的观测者在24小时内会依次朝向太阳和星空。

为什么视野会改变

如果地球不是沿着轨道绕太阳运动，它只会交替地朝向太阳和同一片星空。但是由于地球绕太阳运动，在一年当中不同夜晚的相同时间所朝向的星空会逐渐变化，虽然这种变化在短时间内不易察觉，但随着时间推移数星期甚至数月，星空的改变就非常明显了。在北半球的观测者观察南方天空，在南半球的观测者观察北方天空，随着季节变换会分别看到新的星座（见第24~25页）。相比之下，观测者会发现处于北（南）半球观测到的北（南）天空变化很小，包括天极附近区域和围绕它旋转的拱极星都一直可以看到。随着地球在轨道上运动，太阳的星空背景也在改变，像月球和行星一样，太阳看起来在天上的黄道带中运行（见下页）。北半球的观测者会看到黄道带延伸在南方天空中，南半球的观测者会在北方天空中看到它。

4月1日 晚8点

4月8日 晚8点

4月15日 晚8点

夜空的变化
观测者在一年中可以看到不同的星空，南极和北极例外。一个处于50°N*的观测者在4月里看到的猎户座会随着时间推移变得越来越低，到了月底，几乎消失在地平线以下。

*N为北纬，S为南纬。

四季星空变化
地球的一面朝向太阳，同时另一面朝向星空，如果地球固定在太空中，随着每天的自转，它会交替朝向太阳和同一片星空。但是地球不是固定的，而是围着太阳运动，结果是我们在夏季看到的星空和冬季看到的是完全不同的。

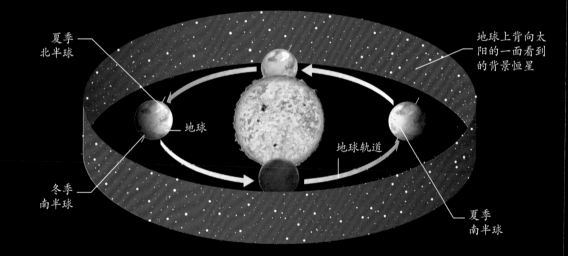

夏季
北半球

地球

冬季
南半球

地球轨道

地球上背向太阳的一面看到的背景恒星

夏季
南半球

8月6日

8月7日

8月11日

白天天空的变化
随着地球在一年中围绕太阳运转，太阳从东方地平线升起和西方地平线落下的位置也在不断改变。上面的三张图记录了在50°N的同一个地点不同日期日落的情况，随着夏季时间的推移，日落的位置越来越向南偏移。

天空的划分

乍一看，星星就像是无法区分的光点随意分布在天空中。但是很快你就会注意到有些星星比较亮，把它们联起来就形成了可以区别的不同图案，天文学家使用这些图案——星座（见第58~95页）识别星空已经有大约4000年了。今天，地球上的星空被划分成88个国际公认的星座，超过一半描述的是古巴比伦和古希腊神话中的人和动物。猎户座代表的是同名的希腊猎人，天蝎座则是杀死他的蝎子。星座的范围大小差别很大，长蛇座最大，南十字座最小。

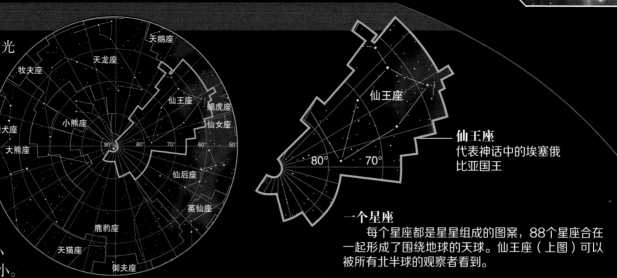

仙王座
代表神话中的埃塞俄比亚国王

一个星座
每个星座都是星星组成的图案，88个星座合在一起形成了围绕地球的天球。仙王座（上图）可以被所有北半球的观察者看到。

星空背景

第一批被划分成各种不同图案的恒星组合是太阳在天空中经过的星空背景，太阳在星空背景下经过的路线叫作黄道，黄道一带的天空叫作黄道带。

动物圈

黄道十二星座的名字来源于古希腊，这片星空中星星构成的图案大都和动物相关。除了天秤座是一台秤之外，传统的黄道十二星座是一组动物。它们在天上排列的顺序依次是：白羊座、金牛座、双子座、巨蟹座、狮子座、室女座、天秤座、天蝎座、人马座、摩羯座、宝瓶座、双鱼座。太阳每年在黄道上运行一周，大约每个月经过一个星座。但这并不是全部，传统习惯认为黄道星座有十二个，但是还有第十三个蛇夫座，太阳经过这个星座所用的时间比经过相邻的天蝎座还要长。黄道带还是行星和月球的星空背景，它们运行的路径靠近黄道，有时在北边，有时在南边。

黄道带

黄道带是太阳、月球和行星在天球上运行时经过的一圈背景区域，中心是地球围绕太阳运动时太阳看起来每月经过的路径——黄道。黄道带上共有13个星座：传统的黄道十二星座和蛇夫座。

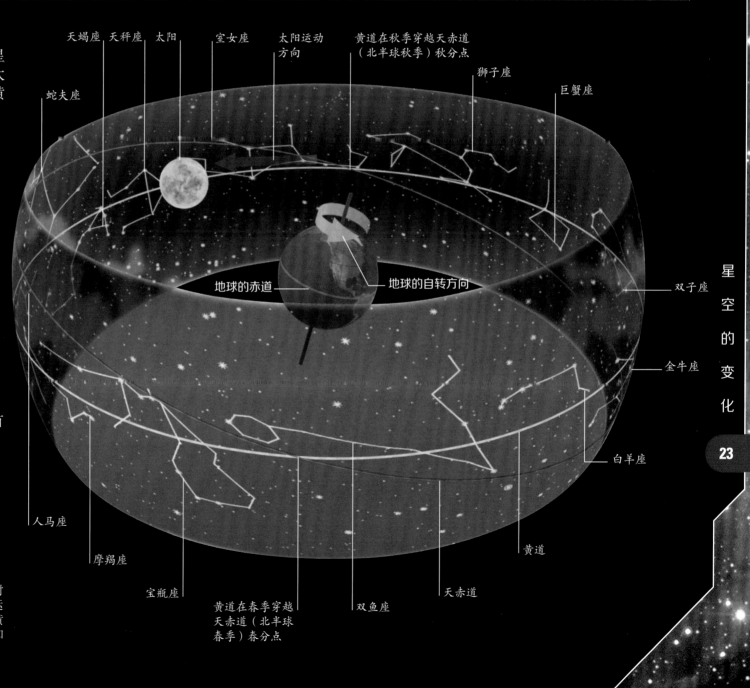

星 空 的 变 化

一片星空

天球划分成的不同区域称为星座，把每个星座中的亮星连线会形成不同的图案。这些图案纯粹是人们的想象，这些星星在太空中没有这种关联。星座中的恒星和其他天体按约定的规则命名和编号以便识别。

天狼星

夜空中最亮的恒星是天狼星（中下），位于大犬座，亮度是-1.4等，离地球有8.6光年，是距离地球最近的恒星之一。它发出的光比太阳强约20倍。

■ 亮度

我们很容易发现天上星星的亮度有很大差别，最早的观星者应该很快就注意到这一点，因此他们把星星按照亮度水平分成等级，这种划分方法后来正式成为今天仍在使用的目视星等。目视星等是从地球上看起来星星到底有多亮，这与星星的真实亮度也就是它的光度不一样。每颗恒星都会用称为星等的一个数值来标明它的亮度，数值越小，星星越亮，最亮星星的星等值会是负数。目视星等也会用在其他天体上，比如满月的星等是-12.5等。行星的亮度随着它与太阳和地球的距离变化而变化，金星最亮时为-4.7等。

十颗夜空中最亮的星

下面列出的恒星按亮度排序，等值是负数的四颗星星更亮一些，随着星等数值增长，恒星亮度变暗。肉眼可以看到所有亮于6等的星，因此这些亮星是很容易看到的。

1. 天狼星
   大犬座，－1.4
2. 老人星
   船底座，－0.6
3. 南门二
   半人马座，－0.3
4. 大角星
   牧夫座，－0.1
5. 织女星
   天琴座，0.0
6. 五车二
   御夫座，0.1
7. 参宿七
   猎户座，0.2
8. 南河三
   小犬座，0.4
9. 水委一
   波江座，0.5
10. 参宿四
    猎户座，0.5

■ 相对距离

天球上的恒星看起来都与地球的距离相等，但是实际上差别非常大。遍布在太空中的恒星彼此之间距离非常遥远，通常每颗恒星与它最近的邻居间距离7光年。它们离我们都非常遥远，看起来只是一个小光点。

肉眼看到的恒星距离与现实差别非常大，当我们看着它们时，有些距离地球只有数光年，有些达到数千光年。这意味着星星组成的星座图案是虚幻的，只是三维世界中的二维视图，这些恒星之间没有关系，它们相距甚远。通常它们之间的距离比到地球的距离还要远。

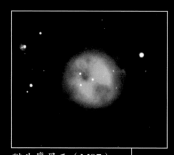

猫头鹰星云（M97），
行星状星云

波德星系（M81），旋涡星系

风车星系（M101）是一个暗淡的旋涡星系

开阳的伴星辅对那些视力敏锐的人也是肉眼可见的

摇光代表的是平底锅柄的末端和熊尾巴尖

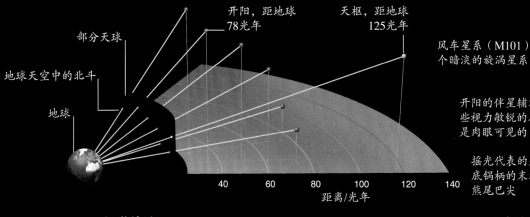

开阳，距地球
78光年

天枢，距地球
125光年

部分天球

地球天空中的北斗

地球

40   60   80   100   120   140
距离/光年

视觉效果

大熊座中的星星在地球的天空中勾画出一只熊的轮廓，构成熊的屁股和尾巴的星被称为犁星或北斗七星，它们和地球的距离差别很大，如果从空间位置看过去，会呈现出完全不同的形状。

北斗星

也叫作北斗七星，包括排列成斗形的七颗亮星，其中三颗星构成斗柄、四颗星组成平底锅从侧面看的样子。一旦找到它，可以利用它找到其他目标。两颗最亮的星叫作指极星，因为它们指向北极星。

天空中的图案

全世界的天文学家不仅使用相同的88个星座，还使用同样的方法在宇宙中定位和识别天体。

命名和编号

每颗恒星都可以用名字、数字或字母来识别。星座中的亮星用希腊字母编号，一般最亮的星是α，第二亮的是β，以此类推。如果希腊字母用完了，再用小写的罗马字母（a、b、c, 等等）。

许多亮星都有名字，大都起源于阿拉伯，然而，大多数都是没名字的。在肉眼可见范围的暗星会根据在星座中的位置分配一个数字编号。专门列出深空天体的星表有许多，星团、星云和星系等会有一个编号。比如NGC编号就来自新星云星团总表。

星群

有些星星会在大空中组成一个独特的图案，但它们并不是一个星座，有时是星座中一个独立的图案，或者是由多个星座中的一群星构成。这样的图案称为星群。北斗七星是北半球天空中最著名的图案，这是一个典型的例子。构成武仙座下部躯干的四颗星被称为拱顶石；狮子座的头、颈和肩膀则被称为镰刀。

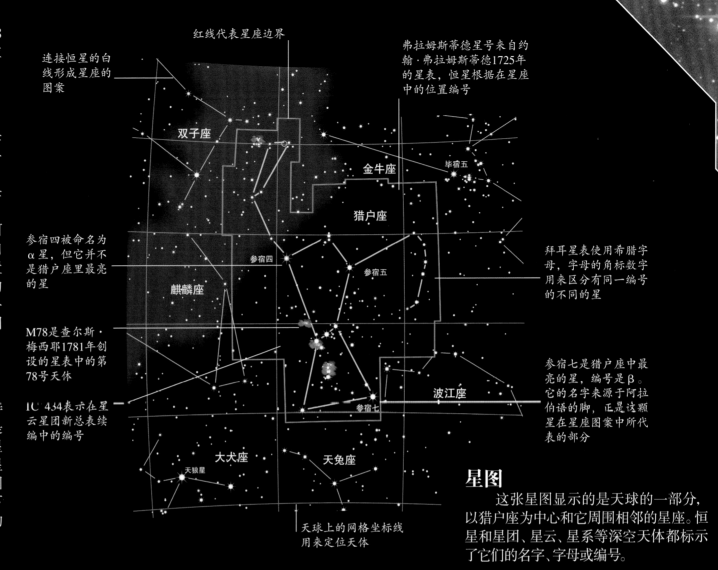

红线代表星座边界

连接恒星的白线形成星座的图案

弗拉姆斯蒂德星号来自约翰·弗拉姆斯蒂德1725年的星表，恒星根据在星座中的位置编号

双子座

金牛座

毕宿五

猎户座

参宿四被命名为α星，但它并不是猎户座里最亮的星

参宿四

参宿五

麒麟座

拜耳星表使用希腊字母，字母的角标数字用来区分有同一编号的不同的星

M78是查尔斯·梅西耶1781年创设的星表中的第78号天体

IC 434表示在星云星团新总表续编中的编号

波江座

参宿七

参宿七是猎户座中最亮的星，编号是β。它的名字来源于阿拉伯语的脚，正是这颗星在星座图案中所代表的部分

大犬座

天兔座

天狼星

天球上的网格坐标线用来定位天体

星图

这张星图显示的是天球的一部分，以猎户座为中心和它周围相邻的星座。恒星和星团、星云、星系等深空天体都标示了它们的名字、字母或编号。

夜空中的猎户座

猎户座是一个观星新手的极好目标，它是一个很容易在夜空中看到的星座。它简单独特的形状代表着神话中猎人的身影。在南半球和北半球都能看到它。

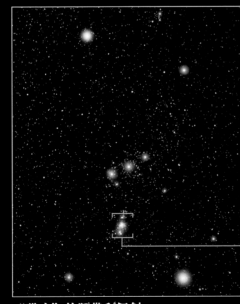

"猎户"的腰带和佩剑

"猎户"的一个肩膀是红超巨星参宿四（左上），而蓝超巨星参宿七（右下）是星座中最亮的星。三颗星组成了腰带，下边挂着佩剑，其中发光的恒星混合着气体和尘埃。

猎户座星云

猎户座大星云，也称为M42或NGC1976，是夜空中最明亮的星云。这是一个宽度30光年、正在形成恒星的巨大气体和尘埃云，距离地球1350光年。它被星云内部新诞生的恒星照亮。

猎户座星云的中间是一个四边形星团，透过小型望远镜观测它会显示出四颗星，而大型望远镜会显示出六颗。

你眼中的太阳系

离地球最近的天体是太阳系的成员——围绕太阳运行的八颗行星及其他小天体，这些行星和月球一样本身都不发光，靠反射太阳光而被照亮。在地球上，我们可以相对容易地看到五颗行星。由于行星、卫星和地球绕着太阳运转，我们的视角不断发生变化，有时在地球上会看到壮观的景象。

月球和金星

行星和月球都在黄道带的星座内移动，人们经常可以看到它们在一起。上图中月球和金星出现在傍晚的天空中。

行星的位置

由于地球和其他七颗行星围绕太阳运转，它们的相对位置不断变化。水星和金星的最佳观测时机是大距的时候；火星、木星和土星最佳观测时机是冲日的时候。行星在下合或上合时不可见。

观测行星

在八颗行星中，地球到太阳的距离排在第三位，水星和金星更接近太阳，因此称为内行星，其他五颗行星——火星、木星、土星、天王星和海王星都离太阳更远，称为外行星。五颗肉眼可见的行星是水星、金星、火星、木星和土星，从人类最初仰望太空时，它们就被人类所认知。天王星的亮度刚好在肉眼可见的范围内，但是很难看到，直到1781年通过望远镜才被发现。海王星离太阳最远，亮度太暗，肉眼看不到。

所有这八颗行星都围绕太阳运行，它们围绕太阳的运行路线叫作轨道。每颗行星在轨道上运行，随着时间的推移，行星相对地球的位置会发生变化，我们在地球上看到一颗特定行星的情况取决于这些相对位置。比如，当一颗行星和地球分别位于太阳的两边，在地球上就看不到它。行星在白天依然会存在，但是刺眼的阳光淹没了它，由于这个原因，水星和金星在位于太阳和地球之间时，我们看不到它们。地球、太阳和行星特殊的位置排列有专门的名字，它们可以作为一颗行星是否可以看到的快速指标，也可以表示行星相位、亮度、大小以及可视时间。

水星和金星的轨道靠近太阳，这意味着这两颗行星在天空中距离太阳不会太远，它们最佳的观测时机是位于大距位置时，在这个位置，它们在东边或西边和太阳的角度达到最大。外行星最佳观测时机是在冲日的时候，此时，它们和太阳分别处在地球的两边，在这个位置，行星最靠近地球，看起来特别大也特别亮。冲日时行星整夜可见，午夜时分北半球观测者可以在南方天空看到它；南半球观测者可以在北方天空看到它。

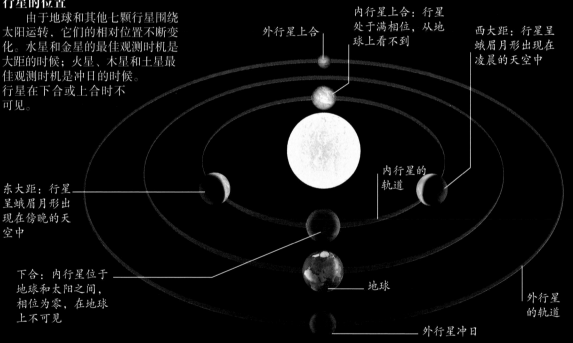

内行星上合：行星处于满相位，从地球上看不到

外行星上合

西大距：行星呈蛾眉月形出现在凌晨的天空中

东大距：行星呈蛾眉月形出现在傍晚的天空中

内行星的轨道

下合：内行星位于地球和太阳之间，相位为零，在地球上不可见

地球

外行星的轨道

外行星冲日

逆行

行星在星空背景下一般自西向东运行，然而，偶尔也会看到它自东向西反向运行，它们在天空中的行进路线是蜿蜒曲折的。这种向后运动的现象称为逆行。这只不过是我们的观察点位于地球上产生的错觉，造成这种现象的原因是运行速度较快的地球超越速度相对较慢的外行星（比如火星）时，外行星看起来像是反向移动。外行星的逆行现象出现在冲日期间。

火星环形前进

逆行或倒退，行星在天空中的这种移动是由于我们从地球上观察时产生的错觉。造成这种效果是因为快速运行的地球超越了外行星，这里以火星为例，两者都是自西向东运行（图中从右向左），当地球从内侧超越火星时，火星看起来在天空中走了一个"之"字形。

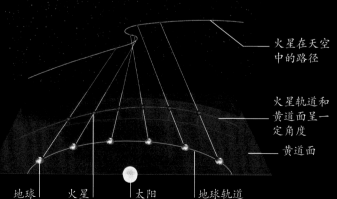

火星在天空中的路径

火星轨道和黄道面呈一定角度

黄道面

地球　火星　太阳　地球轨道

火星在几个月中的运行情况

聚集

行星和月球看起来通常在同一片天区运行，所以在同一时间它们之中的两个或多个聚集在一起一点儿也不奇怪，这样的聚集称为合。如果一个天体遮挡住另一个更远的天体，称为掩。月球就经常掩住背景恒星。当月球或行星从一颗恒星前面经过，这颗恒星就会暂时消失，对于月球来说，由于没有大气层，恒星的这种消失和随后的再现都是瞬间发生的。掠掩是恒星刚好从月球的上边缘或下边缘擦过，被掩的天体进入月面边缘的山峰后而消失。明亮的行星被月球掩食每年会发生10次或11次。但行星之间的互掩，比如金星掩木星，一个世纪只会出现几次。

其他天象

月球遮挡住太阳，严格地讲应是掩食，但是这种现象通常被称为日食。在日食期间，月球挡住了照向地球的阳光。当月球进入地球的影子，我们会看到月食。

一个较小的天体穿越另一个较大天体的表面称为凌。内行星水星和金星从地球与太阳正中间经过时，我们会看到它们从太阳表面穿过。水星和金星从地球与

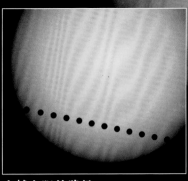

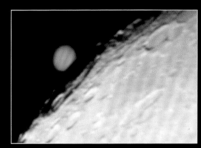

穿越太阳的路径
这张2004年金星凌日的合成图表现了金星横跨太阳表面的过程，这颗行星穿过太阳表面用了6个多小时。金星凌日都是成对出现的，和这次成对的发生在2012年，下一对将出现在2117年和2125年。

太阳中间经过时并不是每次都会发生凌，因为行星通常会从太阳表面的上方或下方经过。金星凌日会成对出现，间隔百年以上。水星凌日出现得更加频繁，每个世纪大约发生12次。

掩木星
这张照片显示的是发生在2002年1月的月掩木星，木星消失在月球后方，当时这两个天体从地球上看起来正好在同一视线方向。这样的排列通常会持续足够长的时间。

行星联珠
2002年4月，太阳刚落山不久，肉眼就可以看到五颗行星联成一条线。离地平线最近的是水星（右下），它的左上方是明亮的金星，继续向上向左，是火星和土星。再加上明亮的木星（左上方）整个画面就完整了。

木星

土星 火星 金星 水星

日月食的原理

月球比太阳小400倍，月地距离比日地距离也小400倍，因此当三个天体严格地对齐，月球的圆面遮挡住太阳，这就是日食。月球的影子投射到地球上，在影子的范围内，黑暗降临，

白天像是变成了黑夜。日全食一般会持续3~4分钟。当整个月球进入地球的影子，月全食发生，目前最长可以持续1小时47分钟。每年平均有4次日月食：2次日食、2次月食。

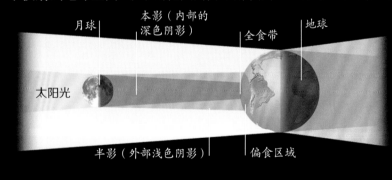

月球　本影（内部的深色阴影）　全食带　地球

太阳光

半影（外部浅色阴影）　偏食区域

日食
当月球正好处于太阳和地球之间，它会遮住太阳，在地球上投下阴影，任何处在中间颜色较深的本影中的人，可以看到日全食。在这之外更广泛的颜色较浅的半影区域内，可以看到日偏食。当月地距离大于平均值时，会发生日环食，此时月球的视圆面比太阳小，不能遮盖整个太阳。

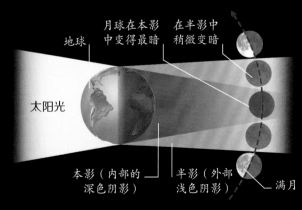

月球在本影中变得最暗　在半影中稍微变暗

地球

太阳光

本影（内部的深色阴影）　半影（外部浅色阴影）　满月

月食
当太阳、地球和月球严格地在一条直线上，地球会挡住照向月球的太阳光。当整个月球完全进入本影中，照不到阳光就会发生月全食。当只有部分月球进入本影，只能看到月偏食。

银河系及其以外

地球周围的恒星都属于银河系，银河系聚集了大量的恒星以及气体和尘埃，形成一个巨大的圆盘。太阳和地球处在一个恒星构成的旋臂上，大约位于距离中心的2/3处。这是观察这个星系中天体的理想位置，包括恒星、星团和星云。我们也可以看到银河系之外充满了星系的宇宙。

天炉座星系团

星系在空间中不是随机分布的，它们存在于星系团中，众多彼此之间距离非常远的星系团形成超星系团。银河系属于本星系团，和天炉座星系团等一起形成本超星系团。

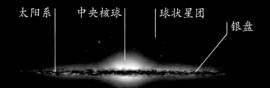

侧视图

银河系的直径是100000光年，银盘的厚度大约为4000光年。旋臂中年轻的恒星使银盘是蓝白色的，核心处由于包含老年恒星颜色是发黄的。围绕银盘的银晕中稀疏分布着单独的老年恒星和大约200个球状星团。

仰望银河

银河系是圆盘形，中心呈棒状凸起，盘中是恒星组成的旋臂，旋臂之间也存在恒星，但是旋臂中的恒星年轻而明亮，闪耀着光芒。银河中心充满了年轻和年老的恒星，总数约有2000亿颗。

从地球的角度望去，我们可以从星系的中心方向及其相反的方向这两个角度观察它的圆盘平面，圆盘中的大量恒星看起来就像一条光亮的乳白色河流，中心方向看起来是在人马座，沿着银河平面的反方向是在猎户座的头顶方向。夜晚从圆盘平面的垂直方向朝上或朝下看，我们还可以看到其他许多恒星（它们不在银河系中）。

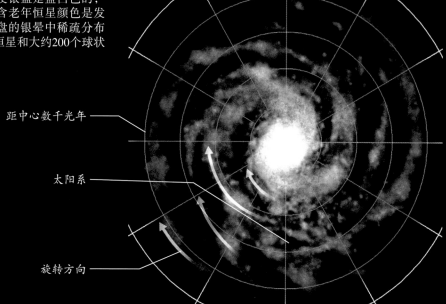

俯视图

这幅艺术想象图显示的是我们认为的从银河系正上方看到的样子，引力使银河系中的天体聚集在一起，它们并不是作为一个固态整体盘运行，而是沿着各自的轨道围绕星系中心运转，运行速度大致相同，越接近中心轨道周期越短，太阳的轨道周期大约是2.2亿年。

银河之光

当我们观察银河圆盘平面时，看到的是星光形成的一条路径，这条路在人马座最亮最宽，看起来还有一些斑块，那是黑暗的尘埃云遮挡住了远处的星光。其中一块尘斑叫作黑马（上图右上方），马腿指向图中右边缘，头部朝向顶部边缘。

银河中的天体

银河系中大部分可见的物质由处于生命周期不同阶段的恒星组成：年轻的、新形成的恒星，像太阳一样的中年恒星，老年的红巨星和行星状星云。剩下的是巨大的星际气体尘埃云。

恒星、星团和星云

恒星是一个巨大的炽热的发光气体球，靠引力结合在一起。像人类一样，每颗恒星都是独一无二的，在大小、亮度、颜色、年龄和质量（构成恒星的气体量）各有不同。

恒星的大小、温度和颜色随时间而变化。每颗恒星都处在它生命周期的某个阶段。以参宿四为例，它是一个红超巨星，而行星状星云是年老的恒星抛出的尘埃和气体。

从地球上看一些恒星是成对出现的，这样的恒星可能相互之间没有关系，看起来很近只是因为从地球上看上去它们正好在同一视线方向。像是大陵五这类在空间中确实在一起的恒星，被称为双星。亮度会变化的恒星是变星。

成群的恒星从气体和尘埃中形成，通常它们互相之间将会逐渐远离。疏散星团是由年轻的、新生成的恒星组成，球状星团由老年恒星组成。星际气体和尘埃云被称为星云。星云要么明亮地发光，要么在明亮的背景衬托下呈现为暗色斑块。

参宿四（红超巨星）

大陵五（双星）

毕宿五（红巨星、变星）

蝴蝶星团（疏散星团）

半人马座ω（球状星团）

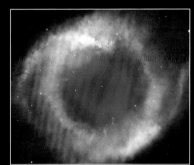
螺旋星云（行星状星云）

礁湖星云（亮星云）

马头星云（暗星云）

银河系之外

当我们从地球看向银河系以外时，会看到星系。它们存在于我们看到的每一个方向。据估计它们的数量有2000亿个。每个都是靠自身引力聚集在一起的一大群数量巨大的恒星，包含几十亿到万亿颗恒星以及星际气体和尘埃。星系的宽度从数千光年到一百万光年以上不等。它们太遥远了，距离最近的我们肉眼看起来也只是一个微弱的模糊光斑。

星系按形状分类。旋涡星系是带有旋臂中央凸起的盘状结构。带有棒形中心、两端带有旋臂的旋涡星系称为棒旋星系。椭圆星系是球形的，包括足球形、橄榄球形、扁平球形，还有一些介于它们之间。不规则星系没有明确的形状。

仙女座大星系
和银河系最接近的大星系是仙女座大星系，是本星系群中最大的成员。用肉眼看，这个巨大的旋涡星系看起来像一个拉长的光斑。

大麦哲伦云（不规则星系）

NGC 1300（棒旋星系）

M87（椭圆星系）

入 门

在地球上任何地点、任何人都可以观察夜空。只要等到天黑，然后出门仰望天空就可以。看到遥远的星星是令人兴奋的，但更重要的是你能辨别出它们。在观星之前，要做一些简单的准备，例如选择在哪里观察，明确知道你可能看到什么，它们有何区别。若是每天晚上能成功辨认出几颗星星，那么你对天空的认知就会迅速增长。

确定方位

如果你远离熟悉的环境，指南针能帮助你确定方位。和活动星图一起使用，你可以方便地在夜空中找到目标。

备忘录

· 即使在夏天，晚上也要穿上暖和的衣服。
· 冬天要戴上帽子，无指手套很有用。
· 随身携带双筒望远镜便于使用。
· 随身携带手电筒：光线要柔和，使你的眼睛适应黑暗环境。
· 如果可能，使用躺椅可以获得更多的舒适感。
· 长时间观测需要携带食物和饮用水。
· 确保你的观测视野内没有障碍物。
· 进入黑暗的环境之前设置好你的活动星图。

事先的计划

观察地点的选择决定了天空的质量。恒星、行星、星云和星系最好在远离房屋和街灯的黑暗天空中观测。如果天空晴朗无月，在城市中可以观测到大约300颗恒星。只有最亮的星才能被看到，这对初学者来说是一个优势：能看到的是组成星座形状的最亮的星星。在较黑的村庄天空将能看到大约1000颗星，最黑暗的野外天空将能看到大约3000颗星。这里的星座图案不那么清晰，昏暗的天体更容易看到。

一旦你选择了一个地点，要想想你需要些什么，备忘录（见左侧）对你会有所帮助，记得外出之前把所有东西先准备好。少数幸运的人甚至不需要离开家就可以进行观测，在合适的位置，明亮的星星、月球和行星都可以从窗口观测到，只需要关掉灯，向外看，向上看。

天狼星

天狼星

观测地点

在灯火通明的城市（见右图）上方的天空永远不会真正黑暗，但能看到最亮的星。最黑暗的天空在远离城市的野外（见上图），远方的城镇在地平线上仍有一线亮光，但头顶的天空却漆黑一片，除了最亮的星星之外还加入了许多暗星。

准备出发

任何无云的夜晚都是观测之夜，但有些夜晚比其他夜晚更好。使用每月星空指南（第96~121页）找出当天的月相。如果是满月，天空就会被月光照亮，星星也会从视野中消失。使用星空指南和活动星图来规划你的观测。

认星

最开始你应该认识两个或三个比较著名的星座和最亮的星，为此你应该提前做好准备，出门前要熟记星座形状。

记住：由于地球自转，我们观看星座的视野会随着星空的移动而改变。南半球的观测者应该知道月面图和星座图通常是适用于北半球观测者的。

来到户外，要花一定的时间让你的眼睛适应黑暗环境。不到

10分钟，你就能看到更多的星星。30分钟过后，你的眼睛已完全适应黑暗环境，能看到各种不同亮度的星星。使用转移视线的方法可以看到更暗的目标，视线不要正对目标，要稍微偏一点儿，利用视网膜边缘更敏感的区域形成图像。

抬头望天

天空中最黑暗的部分是仰角最高的地方，离地平线最远。如果可能的话，观测时靠着建筑物可以使你的身体保持稳定。

你的视野

这两幅天球图显示的是南北半球的观测者看到的猎户座是怎样的。

北半球的观测者看到的猎户座是头在上，脚向下。南半球的观测者看到的猎户座似乎是头下脚上。

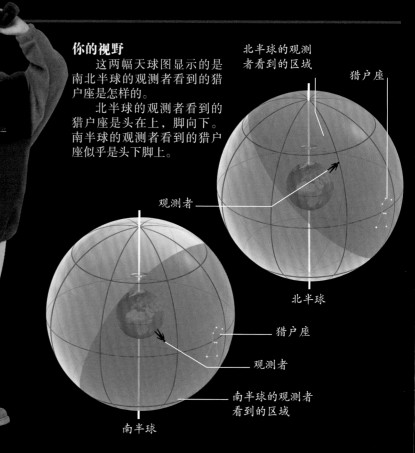

北半球的观测者看到的区域

猎户座

观测者

北半球

猎户座

观测者

南半球的观测者看到的区域

南半球

增强你的视力

人们肉眼只能识别星座、观察行星和流星、看出月球上的明暗特征，像双筒望远镜这样的设备能收集比人眼更多的光线，从而增强你的视力。它让你能将月球表面、星团和猎户座大星云等天体看得更清楚，还会揭示出更多肉眼看不见的天体。

双筒望远镜

对天文学的新手来说，最有用的光学辅助工具是双筒望远镜。它易于使用，便于携带，而且显示的图像是正向的（与天文望远镜不同）。它是两个低功率望远镜的组合，要用双眼观察。双筒望远镜有多种口径，描述双筒望远镜的两个数字很重要，第一个是放大倍率，第二个是物镜的口径。

双筒望远镜上标示为7×50，表示放大倍率是7倍，收集星光的镜头口径是50毫米。口径70毫米以上、放大倍率为15~20倍的更大的双筒望远镜是天文学家专门使用的。不管大小，双筒望远镜都很难保持稳定。要想用手持双筒望远镜拍摄稳定的图像，你可以坐下来或靠在矮墙上，把双筒望远镜放在上面。

双筒望远镜调焦

1.调试双筒望远镜
每个人的视力都不同，所以在使用双筒望远镜之前必须要调焦。

2.确定调焦目镜
找出哪个目镜可以独立调焦，闭上对应这个目镜的那只眼睛。

3.调整另一个目镜的焦距
转动双筒望远镜的王调焦环，直到图像清晰。

4.换一只眼睛，集中注意力
调焦只睁开另一只眼睛，使用目镜调焦环使图像聚焦。

5.使用双筒望远镜
两个目镜现在应该都聚焦清晰，可以用双眼观察了。

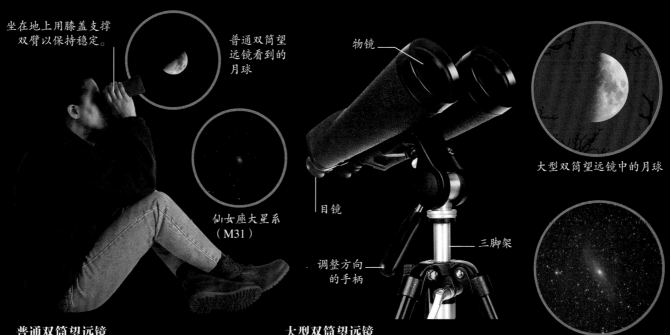

坐在地上用膝盖支撑双臂以保持稳定。

普通双筒望远镜看到的月球

仙女座大星系（M31）

物镜

目镜

三脚架

调整方向的手柄

大型双筒望远镜中的月球

大型双筒望远镜中的仙女座大星系（M31）

普通双筒望远镜
7×50的双筒望远镜在一般观测中使用是很理想的，它们足够轻巧且便于携带，透过它你能看到的星比肉眼看到的多200倍以上。

大型双筒望远镜
大型双筒望远镜手持太重了，应该用三脚架来支撑。较大的镜头和更高的倍率使它比普通双筒望远镜显示的内容要多出很多。

进一步提高

天文望远镜与双筒望远镜相比的话，它能让我们更接近天体，能聚集更多的光线，使较暗的天体显得更明亮更大。

天文望远镜

天文望远镜有两种类型：折射望远镜，使用透镜；反射望远镜，使用反光镜。两者看到的都是颠倒的图像，不过这一点仅在观察熟悉的目标时才会被注意到。不论是折射镜还是反射镜，进一步描述一架天文望远镜就要用到主镜的直径，例如75毫米。直径也被称为口径，是很重要的数据。望远镜口径加倍，收集的光线增加4倍。这种光形成的图像也会被目镜放大。业余天文爱好者使用的望远镜通常由计算机控制，简化了定位和跟踪特别暗弱天体的工作。

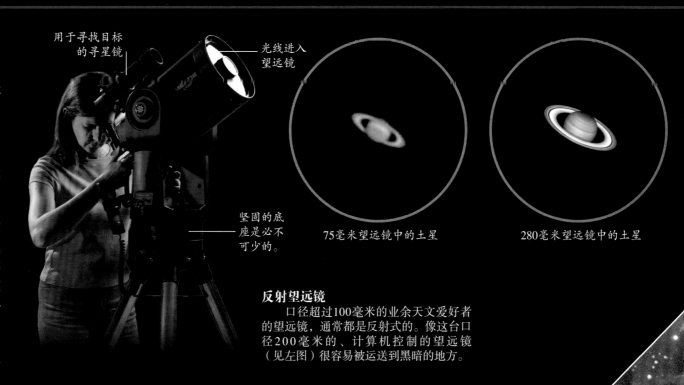

用于寻找目标的寻星镜

光线进入望远镜

坚固的底座是必不可少的。

75毫米望远镜中的土星

280毫米望远镜中的土星

反射望远镜
口径超过100毫米的业余天文爱好者的望远镜，通常都是反射式的。像这台口径200毫米的、计算机控制的望远镜（见左图）很容易被运送到黑暗的地方。

星桥法

明亮的星星和形状独特的星座在夜空中特别引人注目，像猎户座和北斗七星这样的图案很容易被找到。另外，像天狼星这样的恒星可以作为星空漫游的起点，从一颗恒星跳跃到另外一颗。这里显示了一些成熟的星桥法路线图，这些以及在实践中自己开发的技巧将有助于你享受夜晚的星空。

大熊座是全天第三大星座，在地球北半球的任何地方都可以看到。星座中构成一个平底锅形状的七颗星叫作北斗七星，它是北方天空中人们极其熟悉的图案。

■ 北部天区

在北半球，大熊座和仙后座一年四季都可以在天空中观测到，它们分别位于北天极的两侧，是在北半球夜空中漫游的理想起点。

大熊座

这些路线的起点都是北斗七星，简单明了的平底锅形状代表的是熊的屁股和尾巴。

1. 从北斗七星中"斗"右边的星天璇向天枢连一条线会指向北极星。北极星标志着北天极的位置，拱极星围绕它旋转。这条线再跳跃相同的距离会到达"W"形的仙后座。

2. 从天璇跳跃到大熊的前爪，再继续跳跃相同的距离就会到达北河二——双子座里最亮的星。

3. 狮子座是一个明显的趴伏狮子的形状，从北斗七星中"斗"左边的两颗星连线并延长就能找到它，跳过"熊"的后腿会遇到轩辕十四。

4. 大熊尾巴末端的两颗星是寻找牧夫座和室女座的起点，连线离开大熊后会来到明亮的大角星，再跳跃相同的距离就能找到室女座最亮的星角宿一。

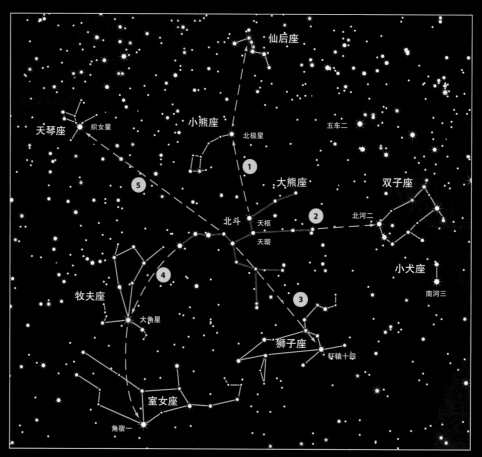

大熊座

5. 通过北斗七星中"斗"左边的两颗星还能找到天琴座，向狮子座相反的方向跳跃相同的距离可以找到天琴座最亮的星织女星。

仙后座

"W"形的仙后座位于银河里，从它出发可以找到三个星座和一个星群。

1. 沿着银河跳跃仙后座宽度两倍的距离能够找到明亮的天津四，它代表的是天鹅座的尾巴。

2. 通过天津四可以找到两颗亮星，织女星（天琴座）和牛郎星（天鹰座），它们分别位于银河的两侧，这三颗星构成了夏季大三角。

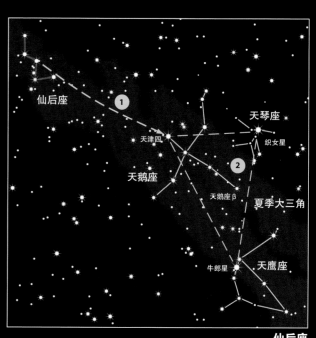

仙后座

中部天区

猎户座的形状在天空中非常突出，代表猎户腰带的三颗星是这片值得探索的星空的起点。

1. 从腰带向参宿四连一条线，跳过猎户高举的手臂，就会到达双子座。

2. 从腰带跳跃到猎户的头部，再跳跃相同的距离来到代表金牛座牛角的星，继续前进会遇到五车二。

3. 从腰带跳跃到猎户的左手，再跳过同样的距离到达昴星团，途中会穿过金牛座金牛的脸。

4. 从参宿四向参宿七连线，这条线继续延伸，在经过一大片相对贫瘠的星空后会到达明亮的水委一。

5. 顺着腰带方向朝猎户的下盘连线能跳到非常明亮的天狼星。

6. 从参宿四向天狼星连线，再跳跃相同的距离到达南河三，这三颗星组成的等边三角形叫作冬季大三角。

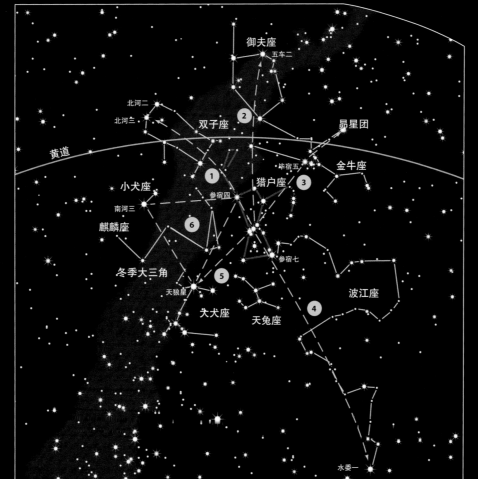

猎户座，天上的猎人

猎户座是一个形状非常醒目的星座，很容易找到。大多数观测者都可以在一年的某个时候看到猎户座。只有北纬79°以北和南纬67°以南的观测者才不能完整地看到它。

南部天区

南十字座的四颗亮星和半人马座最亮的两颗星深嵌在银河中，离它们一步之遥的是其他灿烂的星星。

1. 从南十字座的长轴延伸出一条线，再从马腹一和全天第三亮星南门二之间引一条垂线，两条线交汇于没有星星的一点，这个点就是南天极，大约在南十字座到亮星水委一中间的位置上。

2. 南天极和围绕它旋转的两颗拱极星之间连线会组成一个三角形，这两颗星中的一颗是全天第九亮星水委一，另一颗是全天第二亮星老人星。

3. 从老人星延伸出一条曲线找到全天最亮的星天狼星，再跳大约相同的距离到达全天第八亮星南河三。天狼星和南河三是组成冬季大三角的三颗星中的两颗，见上方中部天区天空图所示。

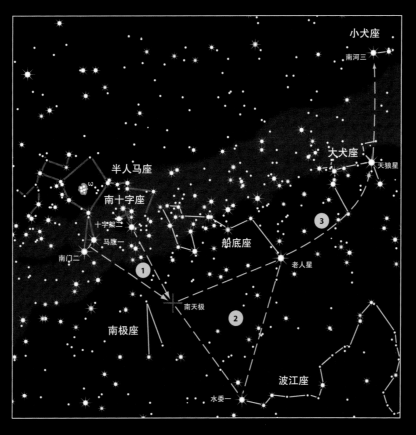

南十字座

南十字座是全天最小的星座，但由于它位于银河之中，又有四颗引人注目的亮星，因此它成了南天观测者特别喜欢的一个目标。在地球南半球的任何地方都能看到它。

太阳系

　　离地球最近的天体是月球和行星，它们和地球一起构成太阳系的一部分。太阳位于我们这片空间区域的中心，行星及它们的卫星、小行星和彗星都围绕着太阳运行。在这些天体沿着它们的轨道运动时，我们能够观察到这些迷人的世界。它们中有覆盖着陨石坑、火山和冰冻荒漠的岩石星球；有环绕着旋转气体的巨大行星；偶尔，一颗脏雪球彗星会展现出壮观的景象。

土星及其光环

　　土星光环是由脏冰块颗粒构成的，这两页图中的颜色表示的是颗粒的大小，蓝色最小，中间是绿色，紫色最大。

太阳系里有什么?

太阳系包括太阳、八颗行星、五颗矮行星、200多颗卫星、数十亿颗小行星和彗星。太阳居于系统的中心,是最庞大的成员,其他天体都围绕它运行。它们是在46亿年前由一团气体和尘埃形成的。

■ 结构和范围

太阳的巨大引力把太阳系结合在一起,它吸引着系统中其他所有的天体,并使它们在固定的路径上围绕太阳运行,这样一个完整的环形路径叫作轨道。系统中的每一个天体,从最小的小行星到最大的行星木星,都围绕着太阳运行。

除太阳之外最重要的天体是行星,行星的轨道都非常靠近太阳的赤道面。在火星和木星之间的小行星主带也接近这个平面。因此,太阳系的行星部分是圆盘形的。从太阳到最远的行星海王星的平均距离是45亿千米。

海王星的外面是柯伊伯带,一条由岩石和冰体组成的扁平带。柯伊伯带的外缘与彗星构成的奥尔特云相交。这些彗星沿着任意倾斜的轨道运行,这些轨道可能接近行星轨道面,在太阳的上方、下方或介于两者之间的任何地方。彗星来自奥尔特云,这是一个巨大的环绕柯伊伯带和行星区的球形云。奥尔特云的外边缘距离地球大约1.6光年远,接近到最近的恒星距离的一半,是太阳影响范围的边缘。再向外就是广阔的星际空间。

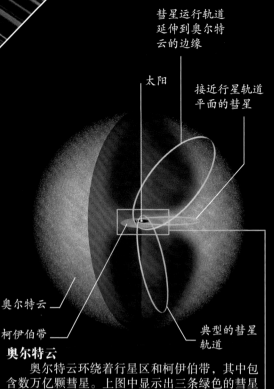

奥尔特云

奥尔特云环绕着行星区和柯伊伯带,其中包含数万亿颗彗星。上图中显示出三条绿色的彗星轨道:一条彗星轨道延伸到奥尔特云的边缘;第二条是接近行星轨道面的;第三条是彗星典型的细长轨道。

柯伊伯带

柯伊伯带环绕着行星区,与太阳距离约60亿千米,人们认为它的外缘大约在120亿千米之外。包括矮行星冥王星和阋神星都在这个区域里。

行星轨道

从地球北极上方看,行星和小行星沿逆时针方向绕太阳运行。当它们在轨道上运行时,自身也在旋转,轨道长度和运转一周所需的时间随它们与太阳距离的增加而增加。轨道是椭圆形的,这意味着行星在其轨道上运行时与太阳的距离变化范围达数百万千米。图中的行星和它们的轨道不是按实际比例显示的。

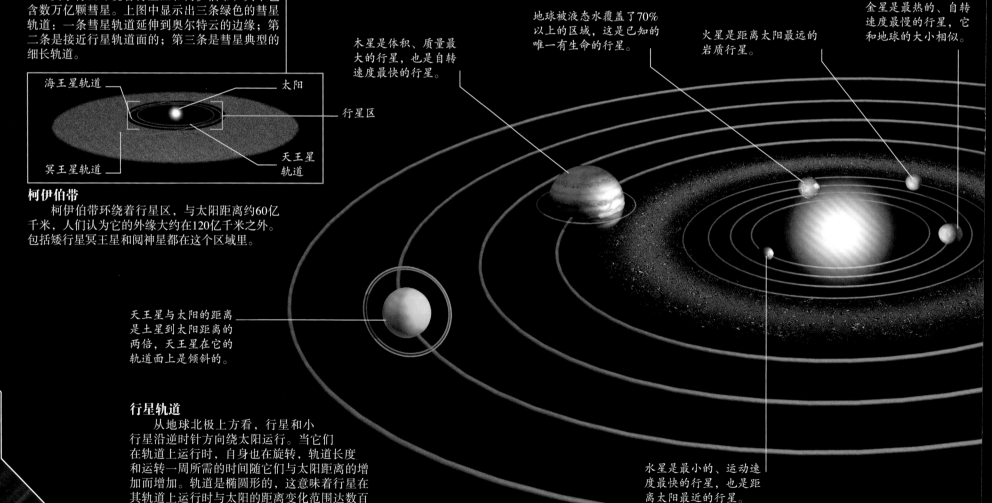

天王星与太阳的距离是土星到太阳距离的两倍,天王星在它的轨道面上是倾斜的。

木星是体积、质量最大的行星,也是自转速度最快的行星。

地球被液态水覆盖了70%以上的区域,这是已知的唯一有生命的行星。

火星是距离太阳最远的岩质行星。

金星是最热的、自转速度最慢的行星,它和地球的大小相似。

水星是最小的、运动速度最快的行星,也是距离太阳最近的行星。

■ 行星

太阳系的八颗行星分为两类：岩质行星和气态巨行星。岩质行星是离太阳最近的四颗行星——水星、金星、地球和火星，它们是由新生的太阳附近的岩石和金属物质形成的。每一颗都是由岩石地幔和地壳围绕着一个金属核心构成，但它们的表面却大相径庭。水星和金星是炎热、干燥、没有生命的世界，但前者覆盖着陨石坑，后者则笼罩着厚厚的大气层，下面还隐藏着火山。形成鲜明对比的是，湿润的地球到处充满了生命。而更遥远的火星是一个布满红色沙漠的世界。气态巨行星木星、土星、天王星和海王星是四颗很大的行星，它们是由岩石、金属、气体和冰在围绕年轻太阳的圆盘中较冷的外部区域形成的。每颗都有一个富含岩石的核心，周围是厚厚的深不可测的大气层。这四颗行星都有各自的卫星系统，包含数量不等的卫星。

行 星 类 型	
岩 质	气 态
水 星	木 星
金 星	土 星
地 球	天王星
火 星	海王星

岩石景观
这张火星全景图是由机遇号火星车在2006年2月探索火星时拍摄的28张照片合成的，展示的是厄瑞波斯陨石坑西部边缘的景色。可以看到1米厚的坑壁上岩石的层状结构。

气态大气
气态巨行星没有固体表面，我们看到的是大气层中云层的顶部。木星可见的表面显示了云带中的气旋和斑点，这些都是巨大的风暴。

超过90%的小行星在火星和木星之间的主带轨道上运行。

土星是第二大行星，到太阳的距离差不多是地球到太阳距离的10倍。

海王星是最小的气态巨行星，也是距太阳最遥远的行星，到太阳的距离是地球到太阳距离的30倍。

■ 卫星和光环

目前已知的行星卫星数有205颗，随着观测技术的提高，可能会发现更多的卫星。大多数卫星属于气态巨行星，只有水星和金星没有卫星。卫星要么是岩石状的，要么是岩石和冰的混合体，它们绕着自己的行星运行，就像一个小型的太阳系。最大的卫星是木星的卫星木卫三，它比水星还要大；最小的是像山一样大的、不规则的斑块。四颗气态巨行星都有由脏冰组成的环系统，其中规模最大的光环是土星环。

土卫一

土卫六

土卫六的影子

土星光环
与它们的宽度相比，薄如纸的土星光环在图里几乎看不见。包括土卫一在内的四颗卫星聚集在光环的右侧。

差别巨大的卫星
土卫六是太阳系中第二大的卫星，也是唯一一颗具有浓密大气的卫星，富含氮元素的大气笼罩着这颗卫星，让人看不清它的表面。土星的另一颗卫星土卫九比较典型，是长230千米的马铃薯形状，表面布满了陨石坑。

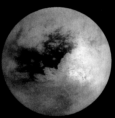 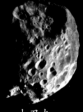

土卫六　　　　土卫九

■ 小成员

太阳系中有数万亿个较小的天体，大多数是彗星和小行星，其次是数千个柯伊伯带天体，最后是矮行星：在海王星之外的冰岩天体，包括冥王星、阋神星，还有在小行星主带的岩质谷神星。存在的小行星被认为有数以十亿计，火星和木星之间的小行星主带中有超过20万颗，这些都是行星形成过程中的残留物。大多数小行星都是形状不规则的岩石块。彗星是奥尔特云中巨大的脏雪球，当其中某一颗离开奥尔特云运行到太阳附近时，它会变大变亮，从而可以被我们看到。

海尔-波普彗星
海尔-波普彗星在1997年靠近太阳时被发现，它巨大的彗头、气体尾（蓝色）和尘埃尾（白色）使它成为20世纪极其明亮的彗星之一。

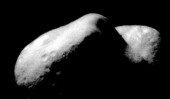

爱神星
爱神星的轨道在小行星主带以外的火星和地球之间，它的外形是长31千米的马铃薯形状。它的表面布满了其他天体撞击出的陨石坑。

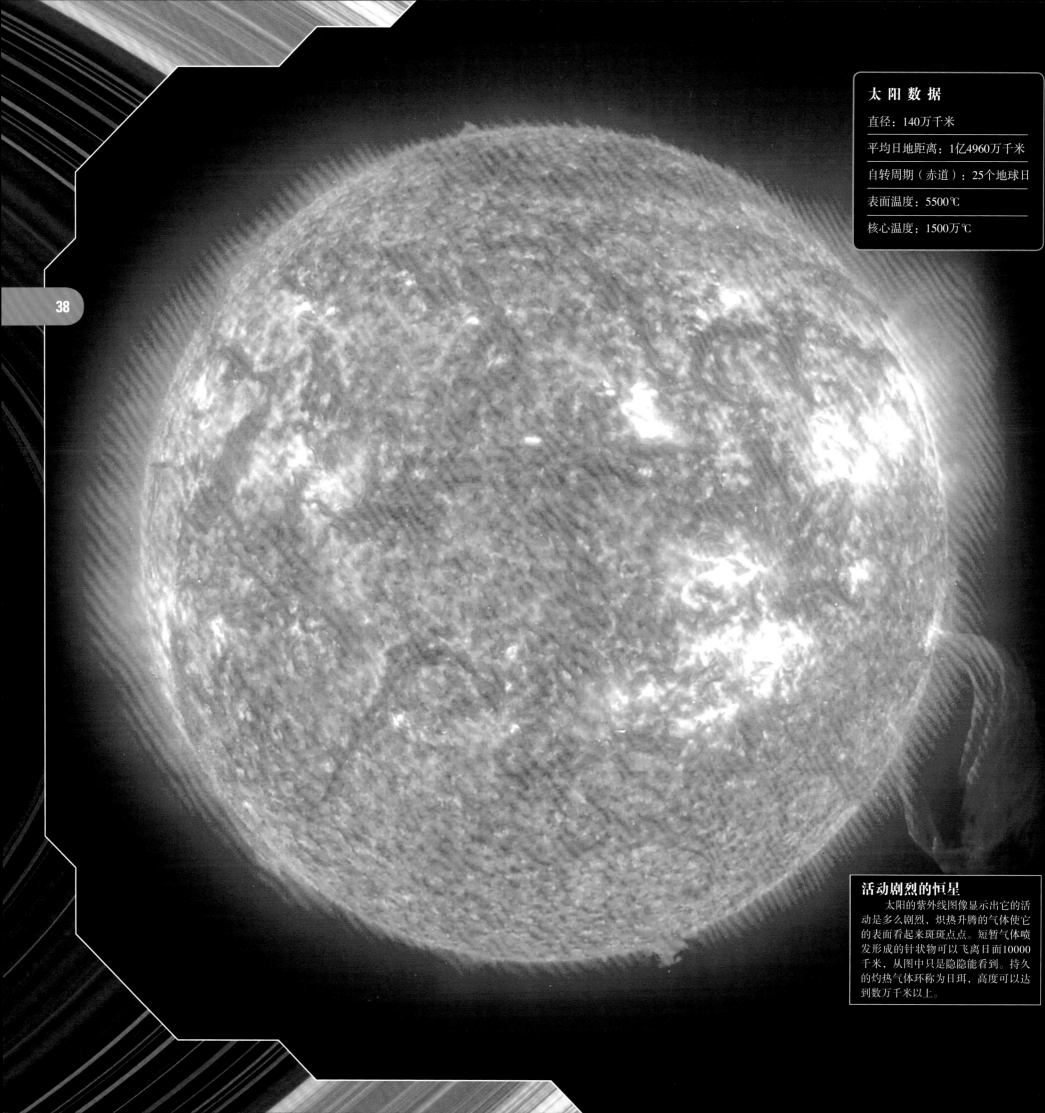

太 阳 数 据

直径：140万千米

平均日地距离：1亿4960万千米

自转周期（赤道）：25个地球日

表面温度：5500℃

核心温度：1500万℃

活动剧烈的恒星

　　太阳的紫外线图像显示出它的活动是多么剧烈，炽热升腾的气体使它的表面看起来斑斑点点。短暂气体喷发形成的针状物可以飞离日面10000千米，从图中只是隐隐能看到。持久的灼热气体环称为日珥，高度可以达到数万千米以上。

太 阳

太阳是离地球最近的恒星。像其他恒星一样，它是一个巨大的、炽热的、明亮的气体火球。重力把气体拉向中心，使太阳聚集在一起，在那里将氢转变为氦，并在这个过程中产生热量和光。太阳已经照耀了大约46亿年，并且还将持续大约50亿年。

■ 特征

太阳大约有3/4是氢，1/4是氦，还有少量的90种左右的其他元素，其中大约60％是在核心，那里发生着核反应，温度和压力非常高。太阳不是固态的，但有一个可见的表面——光球层。太阳的颜色是由光球层的温度决定的，它是由接连不断产生并上升的气体米粒组成，每个米粒直径约为1000千米。在光球层之外是太阳的大气层，这通常是不可见的，最靠近太阳的是色球层，厚度约为5000千米。在它以外是日冕，它会向太空中延伸约数百万千米。

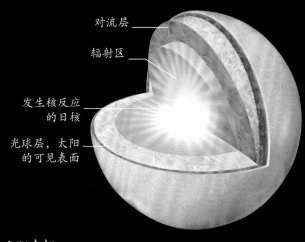

对流层
辐射区
发生核反应的日核
光球层，太阳的可见表面

太阳内部

太阳每秒将大约6亿吨的氢转化成氦，产生的能量通过辐射方式向外传递，在接近太阳表面时再通过对流方式传递，最后通过光球释放出来。

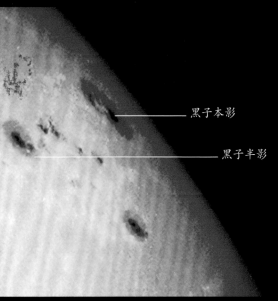

黑子本影
黑子半影

太阳黑子

太阳表面的暗斑被称为太阳黑子。它们是光球上温度相对较低的区域，比周围的表面温度大约低1500℃。太阳黑子周期性地出现，通常成对或成群出现在太阳赤道以北40°和以南40°之间。它们的宽度能达到几十万千米，可以持续数周的时间。

■ 观察太阳

太阳不能直接观测，但要安全地看到它的圆面还是有可能的。一种方法是用双筒望远镜或天文望远镜将太阳的图像投影到白色卡片上。日全食是一个激动人心的天象，让我们有机会看到太阳外层大气和太阳表面升腾的日珥。在地球的南、北高纬度地区的观测者可以看到壮观的极光，这是

警告

不要用肉眼或用任何仪器直接看太阳，阳光会灼伤你的视网膜，造成永久性失明。

来自太阳的粒子和地球高层大气之间的相互作用产生的。

北极光

北纬50°以北的地区可以看到极光，上图中显示的色彩鲜艳的气体是在加拿大育空地区的黄昏拍摄的。南极光可以在南纬50°以南的地区看到。

日全食

太阳和月球在天空中看起来大小一样，所以当月球从太阳前面直接穿过时，太阳圆面会被完全遮住，就可以看到太阳的最外层——日冕。在上图这张照片中，红色的日珥也可以看到。

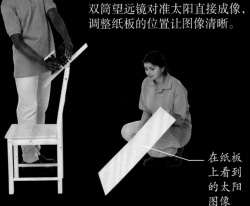

双筒望远镜投影

盖住双筒望远镜的一个物镜，让阳光只能通过另一个，把双筒望远镜对准太阳直接成像，调整纸板的位置让图像清晰。

在纸板上看到的太阳图像

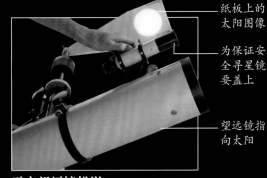

纸板上的太阳图像
为保证安全寻星镜要盖上
望远镜指向太阳

天文望远镜投影

将纸板放在天文望远镜目镜后约50厘米处，用天文望远镜瞄准太阳，调节目镜使太阳图像清晰，太阳圆面上的黑点是太阳黑子。

月 球 数 据

直径：3476千米	
到地球平均距离：384400千米	
自转周期：27.3天	
表面温度：−150℃至120℃	

没见过的月球

这个角度的月球从地球上是不能看到的，面向地球的一面在图中的左下方。撞击产生的巨大环形山严重破坏了月球表面，环形山的底部被火山熔岩淹没后凝固，形成黑暗的区域。

月 球

月球主宰着夜空，它是我们唯一的天然卫星，是太空中离我们最近的邻居。很多人认为这个寒冷、干燥、无生命的岩石球形成于大约45亿年前，当时一个火星大小的小行星与地球相撞，来自地球和小行星的熔融物质形成了月球，随后冷却、固化。

特征

月球的固态外壳十分坚硬，朝向地球的一面约48千米厚，背面约74千米厚。下面是一个岩质的月幔，由于内部温度随着深度增加变得越来越高，这部分是熔融的。月球的中心可能存在一个小铁核。小行星和流星的轰击摧毁了月球表面，形成了月球土壤（浮土），月壤厚度5~10米。画面中杂乱的分布着从近处及远处的撞击坑中炸出的巨石。小行星撞击形成的环形山的宽度范围从碗状的小于10千米到超过150千米。这些大的环形山已经被从月球内部渗透出的熔岩填平。

月面风光
月球上的山其实是巨大陨石坑的坑壁，高度可达5千米。下图中，宇航员哈里森·施密特站在110米宽的肖蒂环形山边缘。左图中，一名宇航员和撞击坑中的巨石相比是相形见绌。

月球的岩石
在1969—1972年，共有12名宇航员在月球上漫步。他们带回了2000多件岩石、鹅卵石、灰尘以及提取的岩芯样品。它们非常古老，主要由硅酸盐岩石和火山熔岩组成。

在地球上看到的景象

月球看起来是夜空中最大的天体。它自己不发光，靠反射太阳光而发亮。在地球上我们只能看到月球的一面，因为月球自转一周和绕地球运转一周需要的时间相同。月球看起来每天的形状都不同，但这些被称为相位的月球形状，仅仅是从地球上看到的月球被太阳照到的不同范围，一个完整的月相变化周期会持续29.5天。

月相
在一个月中月球的相位不断变化。新月后的两天，细细的月牙出现在傍晚的天空中。新月之后的一周，可见的是半圆的月球。再过一周，月球是满月，此时月球朝向地球的一面全部被太阳照亮。

阳光

从地球看到的月面是不亮的，不能清楚地看到。

新月

一个弯弯的月牙，会在日落之后看到，通常被称为新月。

白昼的月球
当月球处于弦月阶段时，往往是在白天可见的。当太阳落山时，上弦月位于南方，因为此时还是白天它似乎不太明亮，但仍然可以看出表面特征。

蛾眉月

月球是盈月（增长），已经完成了月相周期的1/4。

上弦月

可以看到月球被阳光照亮一面的3/4。

盈凸月

一个月相周期的末期，月球被太阳照亮的部分只能看到最后一个细条。

残月

轨道

地球

下弦月

仅剩1/4个月相周期，月球的左半侧被照亮。

亏凸月

月球已经完成了一半以上的月相周期，它正在缩小。

月球在地球上看起来与太阳相对，我们看到一个完全被照亮的月面。

满月

北半球　　南半球

观测地点变化
最先绘制月面图的欧洲天文学家称"北方"为上，"南方"为下。但南半球的观测者看到的月面南极在上部。

观察月球

月球的表面是干燥的，布满了灰尘，充斥着黑暗和死寂。月球的这种景象在数百万年中基本保持不变。在朝向地球的一面，平均每4万年才会形成一个"新"的、宽1千米的陨石坑。在月球上一眼就会发现的地形有两种类型：黑色的区域是平原，称为月海；明亮的地方是分布着大量陨石坑的高地。

■ 月球正面

在月球的早期阶段，它就被锁定为总是一面（正面）朝向地球，当时它离地球更近，内部更热。这影响了月壳，正面的月壳厚度大约是25千米，比背面平均厚度小5千米。在月球的早期历史中，正面深深的环形山中填满了火山熔岩，这在月球背面是没有发生的。月球正面有大约一半的区域是黑暗的熔岩平原。当绘制第一幅月面图时，天文学家认为这些黑暗的区域是水，把它们称为海或洋。记住它们的名字和位置是有用的。在黑暗平坦的月海中可以看到最近形成的环形山，较高的山区的亮度是月海的两倍，它们更加古老，有更多的环形山。

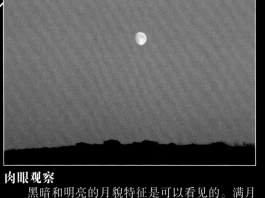

肉眼观察

黑暗和明亮的月貌特征是可以看见的。满月看起来像一张脸，雨海、澄海是眼睛，云海和知海是嘴。

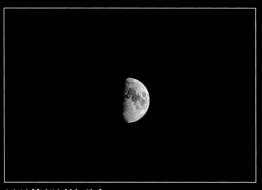

用双筒望远镜观察

月球仍然被视为一个整体，但是一副性能良好的双筒望远镜可以揭示更多的月面特征，比如较大的环形山明暗交界处凹凸不平的月貌也可见。

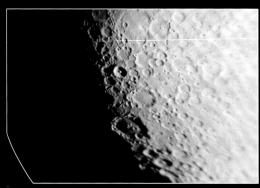

用天文望远镜观察

现在只能看到月球的一部分，成千上万的小环形山和阴影的细节，以及山脉和峡谷清晰地展现在我们眼前。适用的放大倍数取决于地球大气湍流的影响。

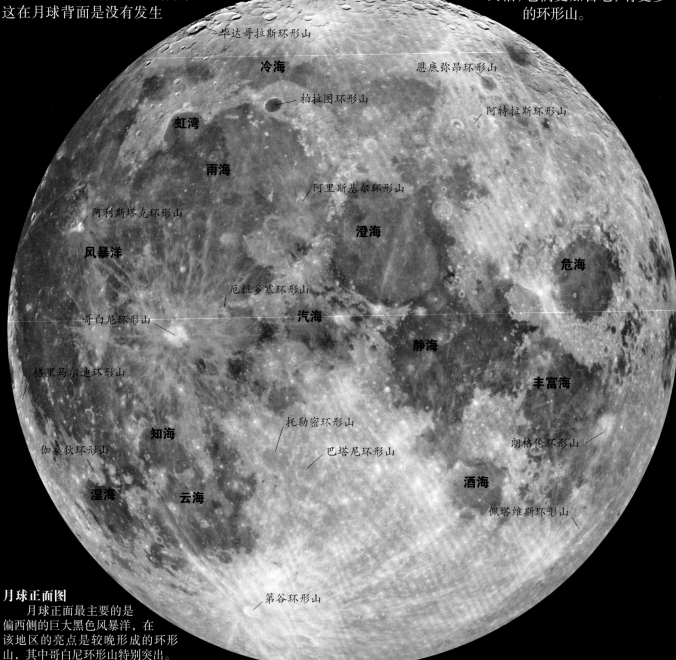

月球正面图

月球正面最主要的是偏西侧的巨大黑色风暴洋，在该地区的亮点是较晚形成的环形山，其中哥白尼环形山特别突出。

表面特征

你可以通过关注月球表面的一小片区域和给环形山绘制素描图来训练你观察细节的能力。你很快就会发现小环形山比大环形山多很多。可见的最大的环形山是雨海，大约有1100千米宽，它的形成几乎使月球分裂。约4%左右的环形山不是圆形的，这是由于撞击的角度很低造成的。有些环形山很诡异，只有峰墙突出在月海熔岩上。月球表面还有一些有趣的山谷，这些不是由于水的流动形成的，主要是残留的已经排空并塌陷的熔岩管道，小山谷叫月溪。伽桑狄和赫维留环形山填满熔岩的盆地上有很多纵横交错的小溪，它们是熔岩冷却收缩时形成的。

明暗界线

明暗界线是月球表面上阳光照射部分和黑暗区域之间的边界。它在一个月中在月球表面上移动。在明暗界线附近的阴影非常长，使得环形山这样的月面特征显得非常分明。

中午：太阳直射

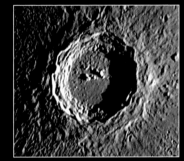

日出：太阳照射角度很低

哥白尼环形山的日出

这个环形山有8亿年的历史，宽91千米，深3.7千米。当太阳直射时（如顶图），它看起来"洗白"了；但在日出时（如上图），长长的阴影突出了环形山塌陷的内壁和中央峰，周围的小山看起来也更加清晰。

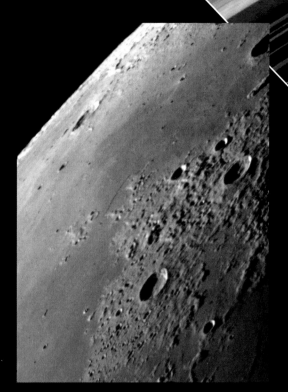

虹湾

美丽的虹湾是西半部直径260千米的环形山，倾斜的撞击造成雨海中部塌陷。环形山的东侧由于月球表面下涌出的熔岩完全淹没了巨大的月海而消失了。

观察环形山

明暗界线在一个月中缓缓掠过月球表面，靠近明暗界线的环形山最引人注目。这里列出的环形山根据它们接近明暗界线的时间可分为四组。即当月球是蛾眉月、上弦月、下弦月或残月时，哪些环形山最适于观测。所有环形山都可以用双筒望远镜观测到。满月时，关注点集中在月球表面边缘的环形山。

最佳观测时间

◐ 蛾眉月	◑ 下弦月
◑ 上弦月	◐ 残月

○ 恩底弥昂	● 柏拉图
○ 朗格伦	● 第谷
○ 佩塔维斯	● 厄拉多塞
○ 阿特拉斯	● 阿利斯塔克
◑ 巴塔尼	● 伽桑狄
◑ 托勒密	● 格里马尔迪
◑ 阿里斯基尔	● 毕达哥拉斯

第谷环形山

第谷环形山位于左侧这张照片的中心，通过双筒望远镜观看非常引人注目。这个85千米宽的"年轻"环形山形成于1亿年前，在它的中心是一个3千米高的山峰，是被撞击的底层岩石压力释放后形成的。在月球表面还可以看到从环形山中溅出的物质形成的明亮射线。

月食

月全食只能发生在满月时，并且太阳、地球和月球必须严格排成一列（见第27页）。月食可以在处于夜间的半个地球的任何地方看到，而且观测不需要专门的设备。在月食期间，月球位于地球的阴影中，地球阻挡阳光到达月球表面。总的来说，此时仍然会有少量的阳光通过地球的大气层间接到达月球，造成月球的颜色变成橙红色。

月食开始阶段

月球的下边缘颜色完全变暗，太阳光仍然照耀着月球的其他部分。

月食中间阶段

大约一半的月球已经完全变暗，而另一半的月球仍然被太阳光照亮。

昏暗的月牙

月球大部分进入地球的阴影中，剩余部分因为在半影中变成昏暗的月牙。

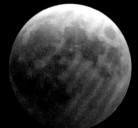

全食

月球完全进入地球的阴影里，呈现出暗红色。

水 星

岩质的水星是最小的行星，它离太阳最近，表面布满陨石坑。它表面条件极其恶劣，几乎没有大气。水星虽然肉眼可见，但因为离太阳不远，所以很难找到。

行星数据

直径：4875千米

到太阳平均距离：5790万千米

轨道周期：88个地球日

自转周期：59个地球日

表面温度：−180℃至430℃

卫星数：无

■ 特征

与其他岩质行星相比，水星的密度非常大。在其壳和幔之下是一个巨大的铁核，现在还不能确定这是因为太阳系形成水星的区域富含铁，还是在水星形成的早期较重的铁侵蚀进入水星幔，沉入这个年轻的星球深处，形成了铁核。

水星的表面布满陨石坑——从碗状的小坑到巨大的卡路里盆地（右图）。陨石轰击搅动水星表面，产生粉状的土壤，只能反射很少的光线，因而看起来很暗，就像月球的土壤。

水星太小太热了，只有非常稀薄的大气层。这些气体要么是捕获的不断从太阳逃逸出的太阳风中的气体，要么是表面岩石的烘烤所形成的。大部分气体在白天都会逃逸，但是还在不断地补充。

水星拥有最细长的椭圆形轨道：它与太阳的距离在4600万～6980万千米之间变化，每公转两圈会自转三周。这造成一个水星日相当于176个地球日。

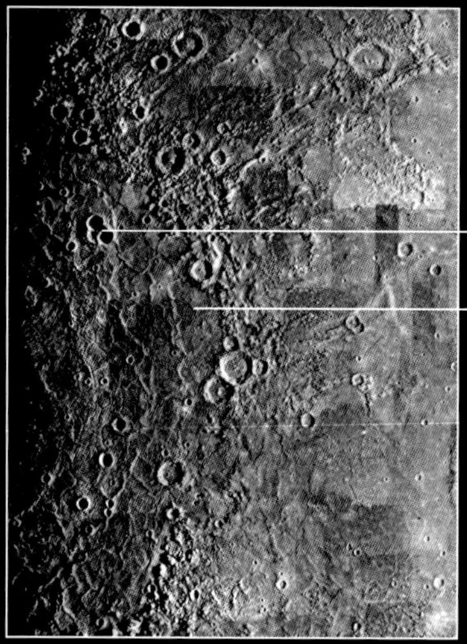

陨石坑世界

水星是一个干燥的岩石世界，让人不禁想起地球和月球。它有一个非常古老的表面，大部分区域是很深的坑，非常像月球高地。其他的区域很年轻，是由凝固的火山熔岩形成的较浅的火山口平原组成，与月海非常相似。

最近形成的撞击坑

熔岩充填的盆地底部

卡路里盆地

巨大多环的卡路里盆地是直径1350千米的撞击坑（其中心位于图中左侧），这次撞击的小行星直径约100千米，造成了破裂和崩塌。由此产生的地震波穿过水星，使另一边的水星表面碎裂。

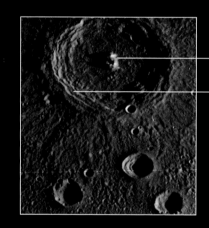

高达3千米的山峰

山壁滑坡形成的阶梯

布拉姆斯环形山

这个碗状环形山直径97千米，是大约35亿年前小行星撞击水星形成的。它有一座突出的中央山峰，由于结构松软和重力的影响，它的内壁向内滑塌。

■ 这两颗行星的观测

水星和金星都在地球轨道内，所以它们永远不会出现在离太阳很远的地方。水星比金星更靠近太阳，金星的轨道距离太阳相对更远。因此，这两颗行星要么能在早晨日出前的东方天空中看到，要么会在傍晚日落后的西方天空中看到。水星只能在大距期间约两周的时间内可见。金星在大距时会非常显眼，通常是天空中最明亮的天体。大距的日期列在每月星空指南的特殊天象列表中（见第96～121页）。

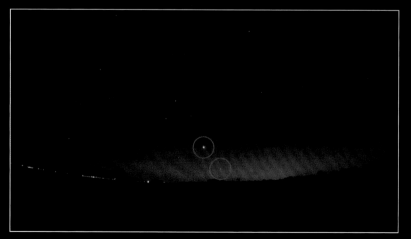

肉眼观察

在图中太阳已在地平线之下，但还照亮着地平线附近的天空。圆圈中较亮的行星是金星。水星较暗是由于它个头儿小而且岩石表面反射的太阳光少。附近的星星很少，因为它们的光被地球大气层吸收了。这两颗行星都会经历一个类似于月球的相位变化周期，但只有借助光学望远镜才能看到。

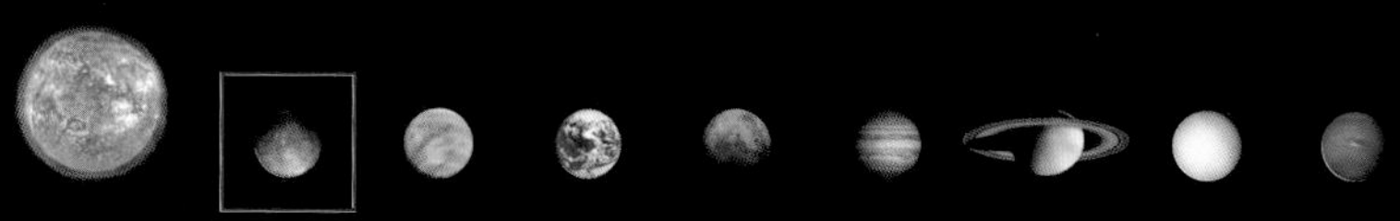

金 星

金星是距离太阳第二近的岩质行星，也是在地球可见天空中最明亮的行星。它是地球的内邻居和孪生兄弟，大小和质量与地球都很相似。然而，金星失去了所有的水，它的二氧化碳逃逸出并形成了非常稠密的大气，就像一个能锁住热量的温室。

■ 特征

金星和地球的相似之处在于：像地球一样，金星在固体表壳下面有一层热的岩石地幔，这是金星的间歇性火山活动的来源。再下面是一个铁镍核心，它有一个由液态金属外层包围的中央固体区域。由于金星表面极热，地幔岩石中释放出来的绝大部分水已逃入太空。这样造成的结果是：干燥的地幔岩石非常黏稠，以致金星没有移动板块，也没有山脉。

在轨航天器上的雷达系统已经穿透金星的云层并绘制了它的表面地图。火山是它表面的主要特征，85%的区域覆盖着大约5亿年前形成的低洼熔岩平原，可以看到数以百计的火山。金星表面还分布着一些大型撞击坑。

金星是自转最慢的行星，自转周期比绕太阳运转一周的时间还要长。与其他行星不同的是，它自转的方向是从东向西旋转。

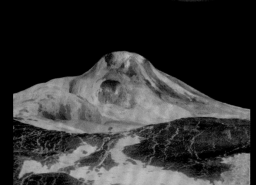

多云的世界

金星有稠密的二氧化碳大气，完全被厚厚的、反射性很强的、稀硫酸小滴构成的云所覆盖。这些云开始于金星表面上方约45千米处，延伸到高度约70千米处。云层下面是一片阴沉的橙色世界。

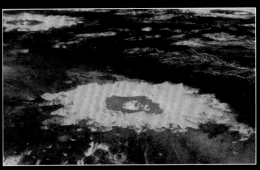

萨斯基亚环形山

金星上的撞击坑的直径从7千米到270千米之间。萨斯基亚是中等大小的环形山，直径37千米，有一座中央山峰。上面这幅雷达视图根据地表拍摄的图像进行了着色。

风条纹

金星表面是有风的，而且由于风一般只朝一个方向吹，所以会形成风条纹。上图中显示的尘埃泥土的条纹有35千米长。

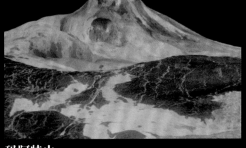

玛阿特山

这个巨大的盾状火山在周围的平原上隆起约5千米，熔岩从火山口涌出，向四面八方扩散数百千米，最后凝固。

行 星 数 据

直径：	12104千米
到太阳平均距离：	1亿820万千米
公转周期：	224.7个地球日
自转周期：	243个地球日
表面温度：	464℃
卫星数：	无

双筒望远镜观测

金星通过双筒望远镜观察时显得非常明亮，它的月牙形相位很容易看到，但所看到的只是表面覆盖着的厚厚的浓云。

金星的相位

由于金星与地球的距离在它处于不同相位时有所不同，在弯月形的时候，金星看起来比它满相时大3倍。

水星凌日

水星的运行轨迹通常在太阳圆面的上方或下方，偶尔也会看到它从太阳表面经过。水星穿越太阳表面可能需要9个小时。右图中的黑点是2003年5月7日的水星凌日，从图中可以看出水星与太阳相比有多么小。下一次水星凌日将出现在2032年11月13日。

行星数据

直径：6780千米

到太阳平均距离：2亿2790万千米

公转周期：687个地球日

自转周期：24.6小时

表面温度：−125℃至25℃

卫星数：2

重要特征

　　火星表面被一个复杂的峡谷系统——水手谷切开，绵延超过4000千米。图左边的三个黑点是位于塔尔西斯突出部的火山。

火 星

火星是到太阳距离排在地球之后的一颗行星，也是四颗岩质行星中最靠外的一颗。它是一个干燥寒冷的世界，有着深谷和高耸的火山。火星大约有地球的一半大小，和地球一样，它有极地冰冠和季节变换，自转一周需要24小时多一点的时间。

■ 特征

火星主要是由岩石构成，拥有一个小小的可能是固态的铁芯。它的岩石表面由断层、火山活动、陨石、水和风所塑造。像水手谷这样的大尺度特征形成于数十亿年前，当时火星的内部力量使其表面分裂。在其他地方，巨大的塔尔西斯突出部比周围的地形高出不少，它是火星上主要的火山中心，拥有巨大的火山，包括奥林匹斯山。

地势低洼的熔岩平原覆盖了火星北半球的大部分地区。南部高原是39亿年前陨石猛烈轰击形成的古老撞击坑。干涸的河床、水流形成的渠道和洪水冲击成的平原表明火星上曾有过流动的水。

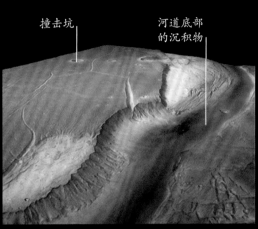

撞击坑　　河道底部的沉积物

卡塞谷
像卡塞谷这样的特征证明30亿-40亿年前曾经存在大量快速流动的水。这条几百千米宽的外流通道很可能是由灾难性的洪水和冰川活动造成的。

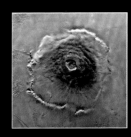

奥林匹斯山
这是奥林匹斯山的鸟瞰图。它是太阳系中最大的火山，高度有24千米。

红色星球
火星的大部分地区都是岩质、多沙和布满尘埃的，而大片区域就像是遍布石头的沙漠。它通常被称为红色星球，它的颜色来自岩石和土壤中的氧化铁（铁锈）。

■ 观测

火星在每年的大部分时间里都出现在地球可见的天空中，是极其容易看到的行星。它颜色发红，在夜空中非常引人注目，任何视力良好的人都可以用肉眼发现它。

定位与观测

观测火星的最佳时机是当这颗行星接近地球的时候，此时它和太阳分别位于地球两边（称为"冲日"，见第29页）。这是从地球上看它最亮和最大的时候，整夜都在地平线以上。火星冲日大约每两年发生一次，两次冲大约相隔26个月。冲日的日期都列在每月星空指南（见第96~121页）的特殊天象列表中。每次冲日都是观测火星的有利时机，但有些冲日的观测效果会比其他的要好，这是因为火星在一个椭圆轨道上围绕太阳运转，所以每次冲日它与地球的距离都不同。火星冲日时的亮度在–1.0等到–2.8等之间。

火星非常靠近黄道，位于黄道带内。冲日时它距离地球只有7800万千米的距离，在背景恒星的映衬下快速前进。

火星通常是由西向东运行，大约每22个月出现一次逆行（见第26页）。逆行时地球正在太阳和火星之间经过，在那几个星期中火星看起来是向后退行，然后再次恢复前进。火星逆行会发生在冲日前五周。

火星是唯一一颗从地球上可以看到它表面特征的岩质行星，人们可以看到它的极冠，极冠会因为火星的倾斜而交替朝向地球。在火星圆面上可以看到明亮和黑暗的区域，它们与真实的表面特征无关，只是由于反射率不同（黑暗的区域反射率最小）。

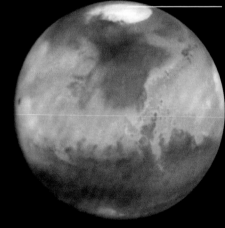

极地冰盖

大型天文望远镜视野
在大型望远镜中极冠是火星表面最容易发现的特征。由于火星倾斜着朝向我们，同一时间在地球上只能看到一侧的极冠。随着季节的变化，极冠的大小在变化——夏季缩小，冬季增大。可以看出明暗的斑痕（这是反射阳光的数量差异导致的结果）。

肉眼观察
火星是红色的，上图中两个明亮的星点中较亮的是火星，右边的是木星。

双筒望远镜观察
透过双筒望远镜这颗行星的圆面变得很明显，但它的表面特征仍然看不见。

小型天文望远镜观察
望远镜中的火星颜色明显更红了，可以看到一些表面特征，如极冠和黑暗区域。

太阳系

行 星 数 据

直径：142984千米

到太阳平均距离：7亿7830万千米

公转周期：11.8年

自转周期：9.9小时

表面温度：−110℃

卫星数：79

风暴的世界

　　木星多云的大气中充满了暴风，最小的也相当于地球上最大的飓风。其中最大的大红斑比地球本身还要大。图左边的黑点是木卫二的影子。

木星

木星是行星中的巨人。它是太阳系中排在太阳之后的第二大天体，是最大的行星。它看得见的表面不是固态的，而是浓厚的大气中色彩鲜艳的顶层。一个庞大的卫星家族围绕着木星运行，围绕着它的还有一个暗弱的尘埃粒子环。

特征

木星是由氢和少量的氦构成的。它的外层是1000千米厚、富含氢的大气层，在这之下，行星变得密度更大，也更炽热，氢变成了液体。在更深处，氢就像熔化的金属一样。木星的核心是岩石、金属和氢的混合物。

我们看到的木星"表面"是由旋转气体组成的彩色条带，来自内部的热量加上其自身快速旋转，形成了这些充满风暴的条带。上升气体形成的明亮条带和下落气体形成的红棕色条带会产生风暴和飓风。大红斑是一场肆虐了300多年的大风暴。

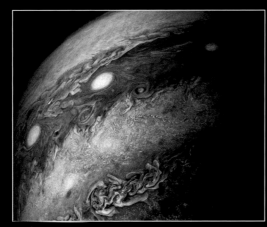

一串珍珠
2017年5月，美国国家航空航天局的"朱诺"号探测器拍摄了木星大气层中三个风暴的图像——白色的椭圆形风暴云，合称珍珠链。在上图的上部可以看到红棕色的云带。

表面被火山喷发不断更新

木卫一

表面的冰反射光

木卫二

冰冻外壳上的陨石坑

木卫三

岩石和冰的表面覆盖着陨石坑

木卫四

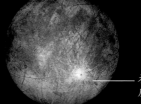

伽利略卫星
木星的四颗最大的卫星被称为伽利略卫星。这些由岩石和冰混合而成的球形天体每一个都是不同的世界。相比之下，大多数其他卫星体积小，形状也不规则。

观测

木星是一颗闪耀在夜空中的明亮的行星，每年大约有十个月可见。它的光辉使它在众星中脱颖而出，非常容易辨认。虽然它的亮度会有变化，但从来不会比夜空中最亮的恒星天狼星暗。

定位与观测

木星最好的观测时机是当它靠近地球及与太阳分别位于地球两边时（此位置称为"冲"，见第29页）。彼时它特别明亮，因为阳光充分照射在它身上被它的大气层反射回来。冲日时木星亮度至少是-2.3等，最高可达-2.9等。木星此时整夜可见，日落时升起，午夜时看起来最高，在日出时落下。木星冲日每13个月发生一次；冲日日期都列在每月星空指南（见第96~121页）的特殊天象列表中。

木星总是出现在黄道带内。在进入下一个星座之前需要花12个月的时间才能穿过一个黄道星座。通常它在背景星的映衬下自西向东运行，但在冲日前后也会经历一个逆行过程（见第26页），此阶段木星短时间内在天空中向后退行。

在大多数情况下，木星是视圆面最大的行星。通过大双筒望远镜或天文望远镜可以看到其表面的细节，带状结构、大红斑和其他的一些云特征都可以看到。透过大型天文望远镜我们可以在云层中发现更多的斑点和构造。由于自身快速旋转，木星视圆面呈略微压扁的形状，通过天文望远镜也可以看出来。

肉眼观察
木星非常明亮，肉眼很容易识别。

双筒望远镜观察
我们通过双筒望远镜在木星赤道两侧可以看到伽利略卫星，卫星的位置每晚都会改变。

天文望远镜观察
通过天文望远镜可以辨别出一些细节，这里可以看到木星的条纹和大红斑。

景色变化
由于木星一直快速旋转，我们看到的木星表面景象也在不断变化。木星在十小时之内自转一周，这意味着大约十分钟就可以看出表面特征的移动。左侧这五张照片显示的是木星在大约五小时内的运动过程，木星从左向右旋转，随着自身转动大红斑也在移动。图中黑色的斑点是伽利略卫星的影子。

土 星

浅黄色的土星由于拥有引人注目的光环而成为最独特的行星。它的体积仅次于木星。土星像木星一样，它的可见表面是它的外层大气，同时也拥有一个庞大的卫星家族。土星是用肉眼很容易看到的距离最远的行星。

■ 特征

土星主要由氢和氦构成。它们形成了土星的气态外层，但在内部，随着温度和压力的增加，氢和氦的状态也随之改变。在大气层下面，它们像液体一样，在更深处，像液态金属。在土星的中心有一个由岩石和冰组成的核心。

土星及其卫星
和土星相比，它的两颗最大的卫星——土卫三（偏上亮点）和土卫四（偏下亮点）显得非常渺小。在土星的表面上可以看到土卫三和主光环投射的阴影。通过A环和B环之间的卡西尼环缝可以看到土星的本体。

环形世界
土星光环能很好地反射太阳光，使它们和土星很容易被看见。但我们容易看到的这些环（如图所示）只是整个环系统的一部分，更多较暗的环延伸到离土星四倍远的地方。土星在它的轨道上倾斜着运转，所以一个半球比另一个更倾向太阳，这造成了土星的四季，也使它从地球上看起来会产生变化。

行 星 数 据
直径：120536千米
到太阳平均距离：14亿3000万千米
公转周期：29.5年
自转周期：10.7小时
云顶温度：-180℃
卫星数：82

云层的顶部形成了行星可见的表面。环绕土星的是柔和的暗色区域和不同亮度的黄色云带。柔和的外观是由于一层薄薄的朦胧烟雾覆盖了整个星球。土星看起来似乎很宁静，但实际上并非如此。由土星内部的热量和自转所产生的风所造成的高层大气中的巨大风暴导致土星表面经常出现斑点和带状地貌特征。

卫星和光环

土星大部分的卫星个头儿很小，形状也不规则，只有土卫六比我们的月球大。大多数卫星是在过去25年中发现的，预期今后还会发现更多。这些卫星是由不同比例的岩石、水和冰混合而成的。有些卫星轨道在光环系统内。光环不是一个固体，而是由数以亿计的脏冰块构成的，这些物体的大小从灰尘颗粒到几米宽，它们在自己的轨道上绕着土星运动。这个环系统在空间中延伸到数十万千米之外，但只有几千米厚。

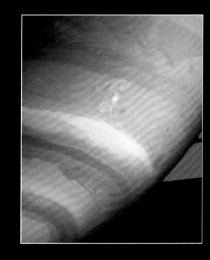

龙风暴

在南半球一个因风暴而出名的、被称为"暴风巷"的地区，于2004年9月出现了一个巨大的风暴。龙风暴这张伪彩色图像中央上方的淡红色区域看起来是一个长期的、周期性爆发的风暴。

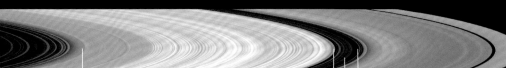

主环

土星最容易看到的环系统由三个不同的环组成：A环、B环和C环，它们都是由细环组成的，组成细环的是脏水冰块。卡西尼环缝从地球上看是个空隙，其实充满了细环。

| C环 | B环 | 卡西尼环缝 | A环 |

■ 观测

土星到地球的距离是木星到地球距离的两倍，但它仍然足够明亮，人们在一年中大约有十个月可以在某个时刻看到它。它看起来像一颗星星，但借助星图可以从恒星背景中把它分辨出来。

定位与观测

由于土星与地球的距离较远，它比木星等更接近我们的行星运行得慢。29.5年的轨道周期意味着它需要大约两年半的时间通过一个黄道星座。它通常是从西向东运行，但每12个月逆行一次（见第26页），历时约4个月，届时它看起来像是向后退行。

像其他外行星一样，土星的最佳观测期是在和太阳分别位于地球两边的时候（称为"冲"，见第29页）。它在冲日时的亮度变化范围从0.8等到最大−0.3等。这个大范围的亮度变化是由于光环朝向地球的角度变化造成的。冲日一般每年年都会发生，大约每年推迟两周。冲日日期列在每月星空指南的特殊天象列表中（见第96~121页）。通过一架小型天文望远镜或强大的双筒望远镜将会看到土星的光环，并能看

出土星圆面上的带状结构。一架更大的天文望远镜将让你看清更多的圆面上的细节——三个主环、卡西尼环缝和一些呈星点状的卫星，还可以明显看出土星赤道区域隆起，两极附近扁平。当土星围绕太阳运行时，我们对光环的视角也在发生变化。它们的方向会从闭合（此时光环实际上是看不见的）到打开（完全可见），然后再次闭合。光环上一次完全打开发生在2017年，到2025年将会完全闭合。

卡西尼环缝可见

2029年：光环几乎完全打开，可以看到光环的下面

视角变化

当土星和地球沿着各自的轨道运行时，我们对光环的观测角度会发生变化，一个完整的变化周期是29.5年。首先我们看到光环成一条线；然后土星的北极朝向太阳倾斜，我们会看到光环的上面；随后视野中的光环再次变成一条线；接着土星南极朝向太阳，我们会看到光环的下面。

2026年：光环几乎完全闭合

肉眼观察

肉眼看起来土星就是一颗亮星，但其柔和的色彩和恒星是有区别的。

双筒望远镜观察

人们通常可以明显看出土星的圆面，使用高倍双筒望远镜会看出光环，就像是土星侧面凸起的鼓包。

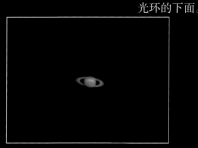

小型天文望远镜观察

可以清楚地看到光环和土星的云带。

天王星和海王星

天王星和海王星是距离地球最远的两颗行星，也是气态巨行星中最小的两个，它们冰冷的世界毫无特色。由于距离遥远，在地球上很难看到它们。这两颗行星都有稀疏的光环和大量围绕它们运行的卫星。由于大气中的甲烷冰云，它们都呈蓝色。

■ 天王星

天王星的可见表面是富含氢的大气层，下面一层是厚厚的水、甲烷和氨冰，中间的核心是一块岩石，也可能是冰。因为上层大气的阴霾，天王星看起来似乎平淡无奇，但这颗行星确实在发生着变化。围绕行星的大气层有一些云带和明亮的云；2006年，天文学家曾观测到一个暗点。天王星的独特之处在于它的倾斜：这颗行星看起来是躺着身子绕太阳运行。在自转轴倾斜和84年公转周期的共同影响下，它的每个半球每次面对太阳的时间长达42年。

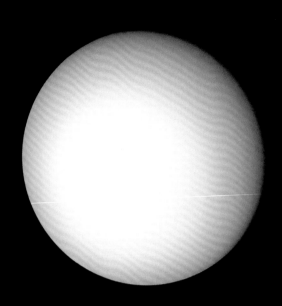

行星数据

直径：51118千米	
到太阳平均距离：28亿7000万千米	
公转周期：84年	
自转周期：17.2小时	
云顶温度：−214℃	
卫星数：27	

环系统

天王星有两组截然不同的光环。靠近行星的一组共11个环，狭窄而分散，这些环之间的缝隙比环还要大。外面的一组环是一对薄弱的尘埃环。

外环

内环

云中的甲烷形成的颜色

天王星横躺着

■ 海王星

海王星与天王星结构相似。它的核心是岩石或者冰，外侧由水、甲烷和氨冰的混合物包裹着，顶层是富含氢的大气层。这颗行星有季节性的变化，它的大气层出人意料地充满活力。它会经历凶猛的赤道风、快速移动的明亮云层和短暂的巨大风暴。

这颗行星外侧拥有一个由5个完整环和1个部分环组成的稀疏环系统。在它的14颗卫星中，只有海卫一的个头儿较大，有4颗位于环系统中。

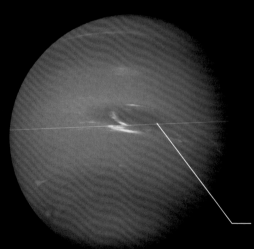

巨大的黑斑：大气中的一场大风暴

行星数据

直径：49532千米	
到太阳平均距离：45亿千米	
公转周期：164.9年	
自转周期：16.1小时	
云顶温度：−200℃	
卫星数：14	

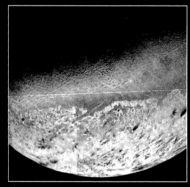

海卫一

海卫一大约是月球的3/4大。这是一个多岩石的世界，冰层表面有线状凹槽、山脊和圆形凹陷。

■ 观测这两颗行星

天王星和海王星距离我们太遥远了，很难被看见。视力敏锐的人也许能靠肉眼看到天王星，但很难确认。确认其身份要追踪它相对背景恒星的移动，这需要时间和耐心，因为天王星的轨道周期很长，通过一个黄道星座需花费大约7年的时间。海王星在黄道带中移动的速度更慢，通过一个星座要耗费14年的时间。它的亮度太暗，肉眼根本看不见，但在中型天文望远镜中会显示出蓝绿色的圆面。

天王星和海王星

遥远的天王星（左图）的亮度是5.5等，比7.8等的海王星（右图）亮，海王星的亮度超出了肉眼可见的范围。在右侧这张用计算机增强的照片中，这两颗行星看起来都是暗淡的星点。

矮行星

冥王星和阋神星是太阳系已知的五颗矮行星中最大的，它们已经存在了46亿年，但直到2006年才被归类为矮行星。运行轨道在海王星之外的遥远冰封世界的矮行星还包括妊神星和鸟神星。第五颗矮行星谷神星更接近太阳，位于小行星主带中。

侏儒的世界

冥王星是最大的矮行星，由70%的岩石和30%的水冰组成，表面覆盖着薄而冰冷的外壳。由于到太阳的平均距离为59亿千米，其表面温度约为-230℃就不足为奇了。这个直径2376千米的天体有五颗卫星，最大的冥卫一卡戎的大小约为冥王星的一半。它们的自转周期都是6.38天，而卡戎绕冥王星运动的轨道周期也是这个时间，所以两个天体永远保持相同的位置关系遥遥相对。从1930年发现到2006年8月，冥王星一直拥有行星的地位，那时它是最小和最遥远的行星。

阋神星被认为是表面冰冻的岩石和冰的混合体。它也可能是最大的矮行星，因为它的直径为2326千米，只比冥王星稍小一点。阋神星是天文学家在2005年分析2003年拍摄的图像时发现的。当时，它距离地球160亿千米，是发现的最远的太阳系天体。它在长长的高度倾斜的轨道上绕太阳运行一周需要558年。

谷神星发现于1801年，这是人类发现的第一颗也是当时已知最大的小行星，它的直径有946千米。谷神星是一颗表面附近有水冰的岩质天体，每4.6年绕太阳运行一周。

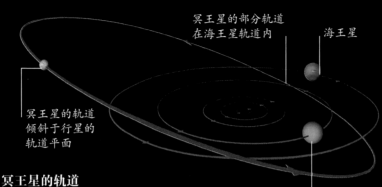

冥王星的轨道

冥王星的轨道相对于八颗行星的轨道来说是细长和倾斜的。冥王星在轨道上运行一周大约需要248年，其中大约有20年它比海王星更接近太阳，这个现象上次发生在1979年到1999年之间。

行星还是矮行星？

1992年，在第一个柯伊伯带天体被发现后，冥王星作为行星的地位受到了质疑。2005年确认的一个似乎比冥王星还大的柯伊伯带天体导致了"矮行星"分类的诞生。这是由世界上最大的专业天文学家团体国际天文学联合会于2006年8月确立的。和行星一样，矮行星几乎是球形的，但与行星不同的是，它们没有清除干净它们附近的区域。谷神星位于小行星主带内，其他四颗在柯伊伯带内。到目前为止，只有五颗矮行星。但是在柯伊伯带中有一长串其他可能的候选者，而且数量还会增加。

地面观测

这是通过地面上最好的天文望远镜观测到的冥王星，左下方的凸起部分是冥王星最大的卫星卡戎。

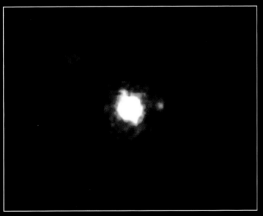

阋神星

上方这个图像是夏威夷的10米凯克望远镜拍摄的，中央大而明亮的天体是阋神星，它的右侧较暗较小的是阋神星的卫星。天文学家发现这个小圆点与阋神星一起相对于恒星移动时，认识到它是一颗卫星。

谷神星

哈勃太空望远镜的观测发现，谷神星自转一周需要9个小时，还发现它接近球形，其赤道的直径比两极间的距离稍大。

冥王星

冥王星到太阳的平均距离接近日地距离的40倍。在这幅美国国家航空航天局的"新视野"号探测器拍摄的照片中，展示了一片巨大的明亮区域，被称为冥王星之心，直径约为1600千米。

太阳系

麦克诺特彗星

2006年8月7日，罗伯特·麦克诺特发现了一颗彗星，它在几个月内成为30多年以来地球天空中最亮的彗星。2007年1月，当它离太阳最近的时候，它拥有一个巨大的彗头和壮观的彗尾，成了南方天空中不可错过的目标。

坦普尔1号彗星

这张照片是深度撞击飞船发射的撞击器在2005年撞击彗核67秒后拍摄的。从碰撞发出的光中显示出坑洼褶皱的彗核表面。

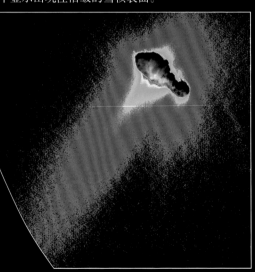

博雷利彗星

这张博雷利彗星保龄球瓶形状彗核的图像是"深空1号"探测器于2001年拍摄的。彗核长8千米，彗星围绕太阳运行的周期是6.9年。图中着色以突出从彗核中喷射出的尘埃和气体。

彗星、流星和小行星

数以亿计颗彗星和小行星因为太遥远或太小以至于我们在地球上看不到。然而，一些彗星看起来会长大，最后在夜空中呈现出壮观的景象。在任何一个晚上，由彗星尘埃产生的流星会闪耀着进入我们的视野，小行星也可能坠落在地球的表面。

彗星

彗星通常被称为脏雪球，但这些宇宙中的雪球并不是球形的，而且它们的规模巨大。彗星的形状是不规则的，城市大小的雪块和岩石尘埃沿轨道绕太阳运行。超过1万亿颗彗星构成了巨大的奥尔特云，在46亿年前太阳系诞生时就形成了。

彗星只有离开奥尔特云，接近太阳，才可能被看见。被称为彗核的雪球被太阳的热量加热，雪会转化成气体，这些气体和松散的尘埃会从彗核中释放出来。当彗星比火星还要靠近太阳的时候，彗核会被一团被称为彗发的气体和尘埃包围，此时它还长出了两条尾巴。

现在这颗彗星足够大，足够亮，可以从地球上看到。通常每年有两到三颗彗星可以通过双筒望远镜看出是模糊的光斑的样子。每个世纪只有三到四颗像麦克诺特这样能真正令人印象深刻、肉眼可以轻易看见的彗星。

已经记录的曾在太阳附近出现的彗星超过6000颗，其中超过500颗是周期性的。大多数彗星是以其发现者的名字命名的。

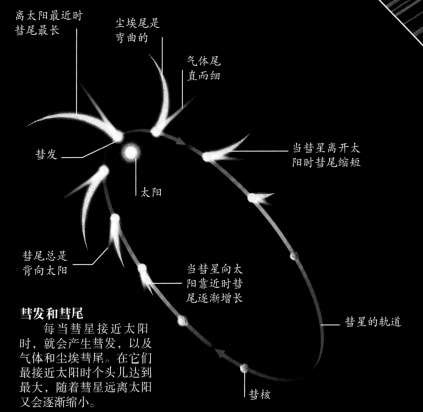

彗发和彗尾

每当彗星接近太阳时，就会产生彗发，以及气体和尘埃彗尾。在它们最接近太阳时个头儿达到最大，随着彗星远离太阳又会逐渐缩小。

流星

流星是夜空中快速划过的光迹，在一年中的任何夜晚都可能看到。这些通常被称为流星的短暂闪光，是由彗星或小行星的碎片产生的。当这些碎片或流星体穿过地球的大气层时，受激原子会产生一个尾迹而发光，这道光迹就是流星，其持续时间一般不到一秒钟，平均亮度为2.5等。

看流星的最佳时间是在拂晓之前，此时地球正朝向流星来的方向。虽然流星每晚都可能会出现，但它们是不可预知的。为了最大限度提高观测成功的机会，最好是选择在发生流星雨的时候观测，地球每年会定期与某一群彗星产生的颗粒流相遇形成流星雨。流星雨的详细情况都在每月星空指南中（见第96~121页）。

狮子座流星雨

狮子座流星雨发生在11月中旬。此时地球在轨道上通过坦普尔-塔特尔彗星遗留下的颗粒流，尘埃颗粒产生的流星看起来就像是从狮子座的一个点辐射出来。

小行星

小行星是没能形成岩质行星的干燥灰暗的岩石块，大多数都是呈现出不规则的形状，只有极少数呈球形且直径在320千米以上。它们的大小范围从直径946千米的谷神星，到巨石和卵石，再到灰尘大小的颗粒。直径大于20千米的小行星约有100000颗，随着尺寸的减小其数量在增加。绝大多数小行星的轨道在火星和木星之间，它们围绕太阳运行。

陨石

当一颗小行星穿过地球大气层并坠落到地面时，它被称为陨石。已编目的陨石超过22500块。上图中这块陨石的深色外壳是在穿过大气层的坠落过程中形成的。

糸川

糸川小行星的长度不到0.5千米，它是由重力聚集在一起的一堆岩石，而不是单个物体。它很可能是一个更大的天体被撞碎后的残骸。

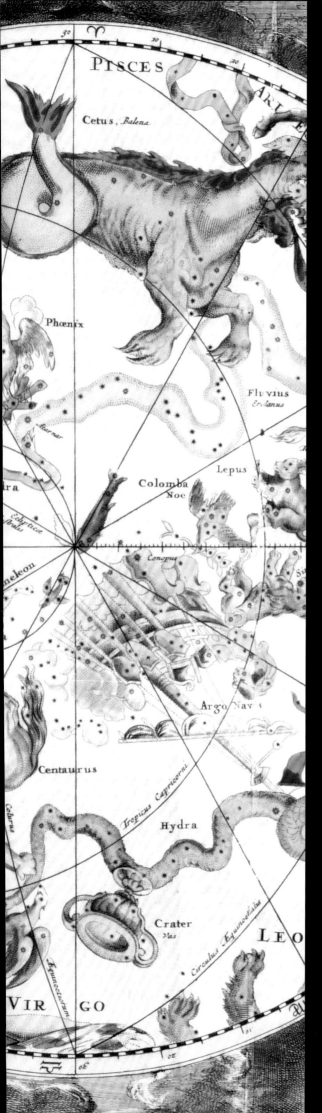

星图

天文学家把天空分成88个区域，称为星座，它们就像组成一块巨大拼图的碎片一样环环相扣。本章集中介绍了全部88个星座，每个星座都用一张星图和一段文字来描述，还列出了星座内有特点的恒星和其他天体，并在每月星空指南（见第96~121页）中列出了何时可以观测到它们。

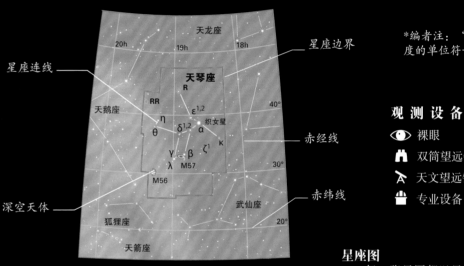

*编者注："h"是赤经线经度的单位符号。

观测设备符号

👁 裸眼

🔭 双筒望远镜

🔭 天文望远镜

🧰 专业设备

星座图

每一张星图都以星座本身为中心，也显示了其周围部分天区。图中会显示出在理想的观测条件下肉眼可见的所有恒星，并选择部分深空天体展示出来。

星等
-1.5-0 0-0.9 1.0-1.9 2.0-2.9 3.0-3.9 4.0-4.9 5.0-5.9 6.0-6.9

可见度图

每个星座都附有一张地图，表明这个星座在世界各地的可见情况。处于绿色区说明整个星座都可以看到，处于黄色区说明可以看到星座的一部分，处于红色区则表示看不到这个星座。

天上的景色

自古以来，天上的星星都与神灵、传说、英雄和神兽有着密不可分的联系，左侧这张15世纪的星空图就显示了南天和北天的夜空中这些形象的代表。

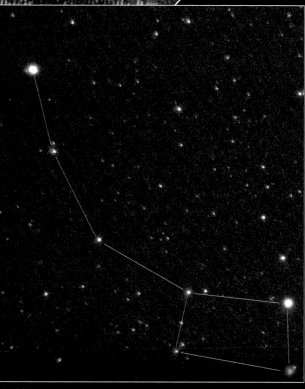

长尾熊
小熊座的尾巴从北极星（左上角）开始弯曲延伸。和真正的熊不太一样，天上的小熊座和大熊座都有长长的尾巴。

小熊座

90° N~0° 完全可见

小熊座是北方天空中的一个不变的特征，作为北天极所在的星座，它永远不会上升或下落，而是每24小时绕北天极转一圈。它的形状类似大熊座的北斗七星。

有趣的目标

小熊座α（北极星） 👁 北极星在天空中几乎是固定不动的，因为它距离北天极仅有半度。北极星距离地球约430光年，是一颗亮度2等的黄色的超巨星。直到近些年，它被归类为造父变星。这是一类脉动星，是以相邻的仙王座δ（中文名造父一）为原型命名的。但是在过去的几十年里，它的变化停止了，这表明在人的一生这样长的时间中恒星的演化只是偶尔会发生变化。用小型天文望远镜可以看到亮度8等的北极星的伴星。

小熊座β（北极二） 👁 小熊座的第二亮星是一颗橙色的巨星，距离地球大约100光年。

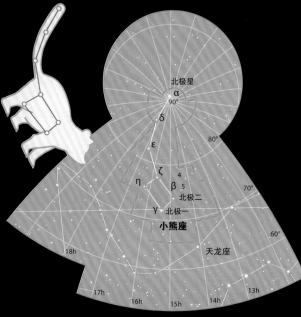

天龙座

90° N~4° S 完全可见

天龙座是围绕着小熊座和北天极的一个大星座。它代表希腊神话中的一条龙，被赫拉克勒斯杀死。尽管它很大，但没有亮于2等的星。

有趣的目标

天龙座α（右枢） 👁 右枢是一颗蓝白色的巨星，距离地球约300光年。地球自转轴的缓慢摆动造成了岁差，5000年前这颗恒星曾是北极星。

天龙座16和17 🔭 这是一对双星，亮度分别是5.1等和5.5等，用双筒望远镜也很容易把它们区分开，但用一架小型天文望远镜可以看出较亮的那颗恒星本身也是一对双星。

NGC 6543 🔭 这是天空中极其明亮的行星状星云。

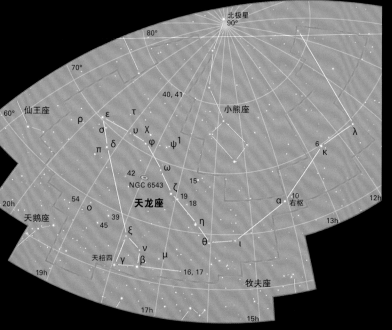

龙星
天龙座中菱形的龙头很容易识别。龙头由四颗星组成，包括最亮的星天龙座γ。

仙王座

90° N～1° S 完全可见

仙王座横卧在北方天空的天龙座和仙后座之间，这个星座在希腊神话中代表的是仙后的丈夫。虽然它的形状不是很明显，但包含着几颗有趣的变星。

有趣的目标

仙王座β 👁 这个星座中的第二亮星是一颗蓝巨星，它有一颗暗微弱的伴星。它的亮度变化周期是4.6小时，但光变幅度只有0.1等。

仙王座δ 👁 造父型变星的原型，这颗老年的黄色超巨星正在经历它一生中反复膨胀和收缩的阶段。在5天零9小时的变化周期中，它的亮度在3.5等到4.4等之间变化。

仙王座μ 👁 仙王座μ因其血红的颜色被称为石榴石星，它是一颗红超巨星。像仙王座δ一样，它也是一颗变星，但变化不太规律，大约在两年中其亮度在3.4等到5.1等之间变化。

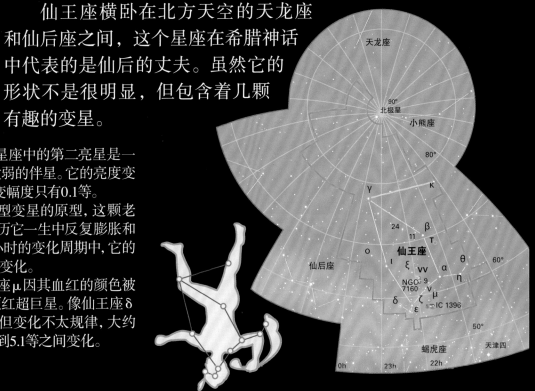

国王
仙王座的形状像一顶主教的法冠，在夜空中不太容易辨别出来。它的两侧分别是天龙座和它的妻子——著名的仙后座。

仙后座

90° N～12° S 完全可见

这一组星构成独特的W形，和北斗星、北极星（或北斗七星）遥遥相对，很容易找到。仙后座是源于古希腊的古老星座，在希腊神话中代表的是仙女座的母亲，形象是仙后坐在椅子上摆弄她的头发。

有趣的目标

仙后座α（王良四） 👁 仙后座中最亮的恒星是一颗亮度2.2等的黄色巨星，距离地球120光年。

仙后座γ 👁 仙后座γ是肉眼可见的极其年轻的恒星，距离地球大约800光年，通常亮度是2.5等。然而，它正在将物质从它形成的星云中驱逐出去，这种模糊的气体会使它的亮度在3等到1.6等之间不可预测地变化。

NGC 457 🔭 仙后座位于北天银河的中心位置，星座中有着丰富的星团，其中最好的是NGC 457。这个由近80颗星组成的圆形星团距地球9000光年，人们肉眼可见，用双筒望远镜观测效果更好。

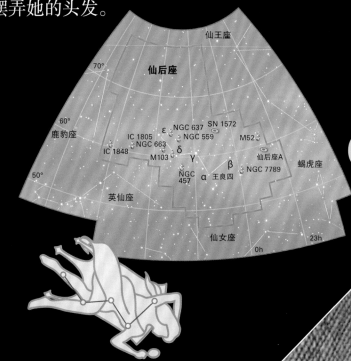

指极星
仙后座位于英仙座和仙王座之间的银河中，其W形的中心突起指向北天极。

鹿豹座

90° N~3° S完全可见

这个没有什么亮星的星座位于北方天空中,是由荷兰神学家彼得勒斯·普朗修斯在1613年列入的。它代表的是《圣经》中的一种动物。

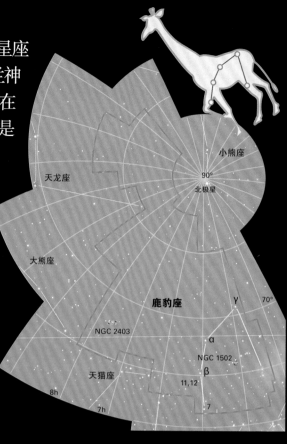

有趣的目标

鹿豹座α 鹿豹座α只是星座中的第二亮星。它是一颗蓝色的超巨星,但因为位于约3000光年之外,它的亮度只有4.3等。

鹿豹座β 鹿豹座β是距离地球约1000光年的一颗黄色超巨星,亮度4.0等,它有一颗暗淡的8.6等的伴星。

NGC 1502 这个小星团大约有45个成员,可以通过双筒望远镜看到,距离地球大约3100光年。

NGC 2403 这个旋涡星系距离我们相对比较近,约为1200万光年。用小型天文望远镜可以看出它是一个亮度8等的椭圆形光斑。

天上的长颈鹿
鹿豹座的星星组成的形状很难看出长颈鹿的身形。在上面这张照片上只能看出构成长颈鹿的腿和臀部的星星。

御夫座

90° N~34° S完全可见

这个星座是北方冬季天空中的一个亮点,它通常代表的是熟练驾车手、古代雅典国王厄里克托尼俄斯。它最南端的一颗星与金牛座共享,银河系斜穿过御夫座,使它拥有许多有趣的恒星和星团。

共用的星
战车的御者御夫座位于银河之中,位于双子座和英仙座之间。御夫座御者的形象要加上邻近的金牛座β才能完整。

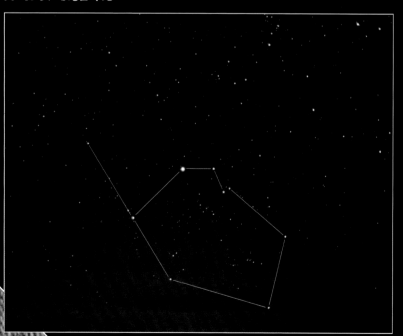

有趣的目标

御夫座α(五车二) 五车二是天空中的第六亮星,亮度0.1等,它距离地球只有42光年。它实际上是一个双星系统,由两颗黄色的巨星组成,它们相互绕转的周期是104天,由于距离太近,在天文望远镜中无法将它们分开。

御夫座ζ 接近五车二的3颗呈三角形分布的星称为"羊羔"。西南方的是ζ,其实是食双星——两颗星轮流从另一颗星前经过造成亮度周期性变暗。

御夫座ε 最北端的"羊羔"也是一个食双星系统,但很少见的是它每27年出现一次掩食,会持续约一年的时间。它的主星是一颗强烈发光的超巨星,围绕它运转的掩食伴星似乎是巨大的、半透明的恒星,它可能属于一个年轻的、包裹着尘埃的恒星系统。

天猫座

90° N~28° S完全可见

和传统的星座相比，这个北天暗弱的星群是古典星座一个相对较晚的补充，天猫座是由约翰·赫维留在17世纪80年代列入的。它是大熊座和御夫座之间的一串暗星，它的形象和赫维留所起的欧洲野猫的名字毫无相似之处，因为它是如此暗淡，只有猫的眼睛才能发现它。

有趣的目标

天猫座α 这是一颗亮度3.2等的红巨星，距离地球150光年。

天猫座12 肉眼看来这是一颗亮度4.9等的白色暗星，但用一架小型天文望远镜会看到它有一颗7.3等的蓝白色伴星，用更大的仪器将显示出较亮的主星本身也是双星，它们共同组成一个三星系统，距离地球140光年。较亮主星的双星系统的运行轨道周期约为700年。

NGC 2419 这个暗淡的球状星团只有通过中等口径的天文望远镜才能看到，它距离地球21万光年，比银河系中的其他球状星团要远得多。

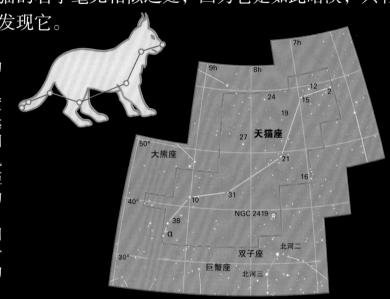

难以找到的猫

天猫座只有一些微弱的暗星，呈锯齿形蜿蜒分布在大熊座和御夫座之间。这个星座中有许多有趣的双星和聚星。

大熊座

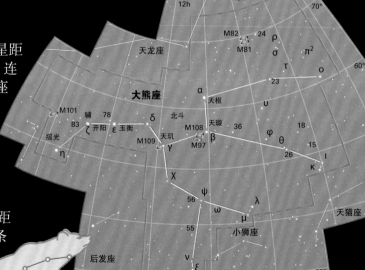

90° N~16° S完全可见

大熊座是北天极其著名的星座，它的七颗极亮的星构成熟悉的北斗七星图案，是寻找其他星星时非常有用的标志。但这个星座中的暗星延伸的范围更广。

有趣的目标

大熊座α（天枢） 这颗黄色巨星距离地球100光年，亮度1.8等。从β（天璇）连一条通过α（天枢）的线，可以指向小熊座的北极星。

大熊座ζ（开阳） 这是非常著名的双星。与它相伴的是距它很近的辅，但用一架小型天文望远镜观测会发现，开阳本身就是真正的双星，伴星与它的距离要更近得多。

M81 这是一个明亮的旋涡星系，距地球有1000万光年，只有在天气最佳的条件下才能用双筒望远镜看到它。

一个熟悉的星象

平底锅形状的北斗七星是夜空中最容易辨认的星象。

猎犬座

90° N~37° S完全可见

这个星座描绘了一对猎狗，牧人（相邻的牧夫座）带着它们在追逐大熊和小熊（大熊座和小熊座）。它是由约翰·赫维留在17世纪末列入的。

有趣的目标

猎犬座α（常陈一） 这颗星的名字是"查尔斯的心脏"，它是为了纪念被处决的英国国王查尔斯一世而命名的。用双筒望远镜可以看出它是一对分得很开的双星系统，两颗白色的星亮度分别是2.9等和5.6等。它距地球有82光年。

M3 北半球极其壮观的球状星团，M3在双筒望远镜中是一颗模糊的"星"，用小型天文望远镜观测它会呈现出一个模糊的光球的样子。

涡状星系（M51） 这个壮观的旋涡星系非常明亮，距离地球相对较近，大约有1500万光年。它恰好正面朝向地球，用双筒望远镜，最好是小型天文望远镜能观测到它明亮的核心，而中型的设备会显示出旋臂的痕迹，星系的名字就是以旋臂的形象命名的。

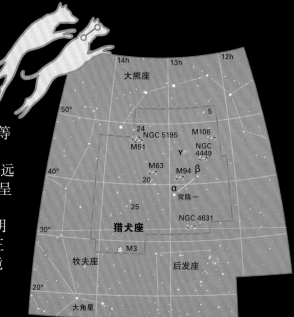

两颗亮星
猎犬座代表的是两只猎犬的形象，但肉眼只能看到星座中最亮的星猎犬座α（常陈一）和β。

牧夫座

90° N~35° S完全可见

牧夫座的形象通常显示的是正在追赶北极天空中的大熊（见第61页）和小熊（见第58页）。它的形状是很有特色的风筝形。星座中最亮的星是大角星，希腊名字的意思是 "熊卫士"或"熊监护者"。

有趣的目标

牧夫座α（大角星） 大角星是离我们最近和最亮的恒星之一。它是一颗接近生命尽头的橙色巨星，距离地球只有36光年，亮度为-0.1等，是天空中第四亮的恒星。

牧夫座ε（梗河一） 也叫一品红，是天空中极其美丽的双星。一架小型天文望远镜就能将它的双星看清，会看到一颗2.7等的橙色巨星伴随着一颗5.1等的蓝色星。这对双星距离地球大约150光年。

牧夫座τ 这颗看起来毫不起眼的亮度4.5等恒星非常值得关注，它是在太阳系以外首先发现拥有行星的恒星。τ与太阳非常相似，它是一颗黄色恒星，距地球51光年。它还有一颗比木星大三倍的行星，每3.3天绕恒星运转一圈。

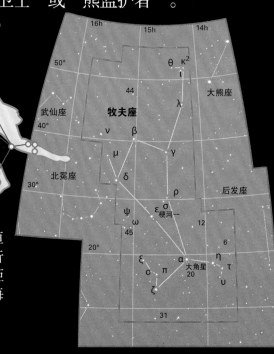

风筝形的星座
拥有明亮的大角星的牧夫座高挂在北半球春天的夜空中。这个引人注目的大星座从天龙座一直延伸到室女座。

武仙座

巨大的武仙座不是一个特别显眼的星座，它描绘的是神话中半神半人的英雄。武仙座不太容易辨识，最好是从中心区域的方形"拱顶石"开始辨认。

有趣的目标

武仙座α（帝座） 在阿拉伯语中这颗星名字的意思是"骑士的头"。这是一个距离地球380光年的双星系统。其中一颗是特别巨大的红巨星，已经变得不稳定，亮度在2.8等至4.0等之间变化。另一颗是较小的巨星，亮度稳定在5.3等。

M13 这是北半球最壮观的球状星团，由30万颗密集拥挤成一团的恒星组成，距地球约25000光年。透过双筒望远镜它看起来是一个模糊的光球，一架小型天文望远镜则可以分解出它周围的一些相对松散的恒星。

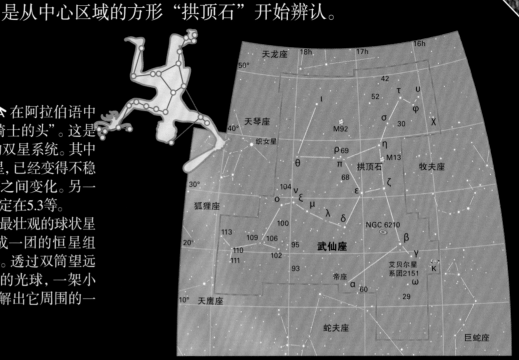

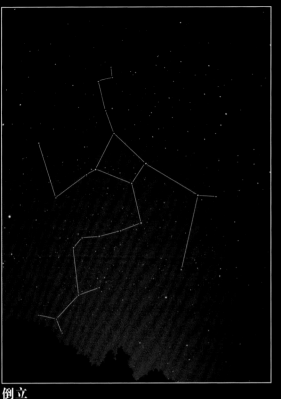

倒立
在夜空中，武仙座的脚指向北极（左上），他的头指向南方，一只脚跪在天龙座的头上。

天琴座

虽然天琴座是一个较小的星座，但因为拥有天空中第五亮星白色的织女星，让天琴座很容易在北方的天空被找到。它代表着俄耳甫斯在走向地狱时弹奏的古代乐器。

有趣的目标

天琴座α（织女星） 这是一颗距地球只有25光年的白色恒星。它的亮度为0.0等，这表明它的亮度是太阳的50倍。织女星被一个神秘的尘埃盘包围着，这可能是行星系统形成时遗留下来的。

天琴座ε 这个著名的聚星通过双筒望远镜观察时会看出是一对双星，用一架小型天文望远镜观测会显示出这对双星的每颗星本身也是双星，使得ε实际上是一个"双双星"系统。

环状星云（M57） 天琴座中另一个代表是环状星云，它是天空中最著名的行星状星云。位于天琴座β和γ之间，M57是1100光年外的一颗垂死恒星抛射出来的纤细的气体外壳，亮度为9.5等，通过一架小型天文望远镜就可以看到。

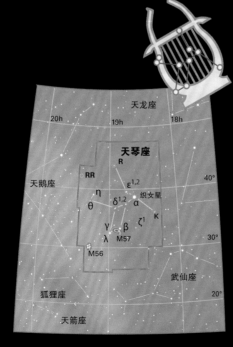

弦乐器
天琴座以耀眼的织女星为主，代表着希腊神话中的音乐家俄耳甫斯演奏的竖琴。阿拉伯天文学家把这个星座想象成一只鹰或秃鹫。天琴座位于银河系的边缘，旁边是天鹅座。

天鹅座

90° N~28° S完全可见

天鹅座表现的是翱翔在银河上空的一只天鹅，由于其独特的形状有时也被称为北十字。天鹅座中除了大量的恒星以外，还有许多有趣的深空天体。

有趣的目标

天鹅座α（天津四） 虽然天津四的亮度是1.3等，但实际上它比附近的织女星更突出，它是天上发光能力极强的恒星之一，亮度有太阳的16万倍，距离地球2600光年。

天鹅座β（辇道增七） 这是一对颜色有明显差异的漂亮双星，双筒望远镜就可以将它区分为黄色和蓝色的两颗恒星，亮度分别是3.1等和4.7等。

天鹅座暗隙 天鹅座包含几个有趣的星云，但最明显的是沿着天鹅脖子分布的这个气体尘埃暗星云，它遮挡住了背后的银河。

天鹅座X-1 业余爱好者无法看到它。这个强X射线源被认为标记了一个正在从伴星吸收物质的黑洞。

平稳飞行
天鹅座描绘了一只展翅飞翔的天鹅，它是北方天空中极突出的星座之一。双星天鹅座β代表的是天鹅的喙。

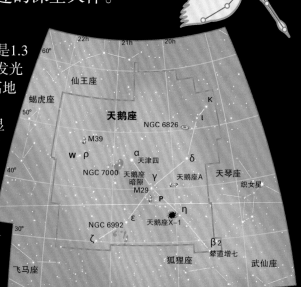

仙女座

90° N~37° S完全可见

仙女座和飞马座联合组成的四边形很容易找到。仙女座代表的是仙后座（见第59页）的女儿，表现的是拴在一块岩石上的公主，要作为祭品献给海怪鲸鱼座，但最终被英雄珀尔修斯所营救。

有趣的目标

仙女座α（壁宿二） 有时也被称为飞马座δ，壁宿二是颗蓝白星的恒星，距地球97光年。

仙女座γ（天大将军一） 通过小型天文望远镜可以看出天大将军一是颗颜色有明显差异的双星，它们的颜色一黄一蓝，亮度分别是2.3等和4.8等。用更大的天文望远镜将会看出蓝色恒星还有一颗较暗的6等伴星。

仙女座星系（M31） 它是肉眼所能看到的最远的天体，看起来像一个模糊的4等恒星。用双筒望远镜或小型天文望远镜能看出一个椭圆形的圆盘，这是这个比银河系还要大、距离地球250万光年的巨大旋涡星系的明亮中心区域。在小型天文望远镜中还可以看到它的两个伴星系。

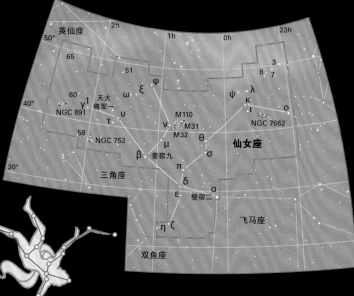

从头到脚
仙女座是比较早的古希腊星座。它极其明亮的星星分别代表公主的头（α）、腰（β）和她的左脚（γ）。

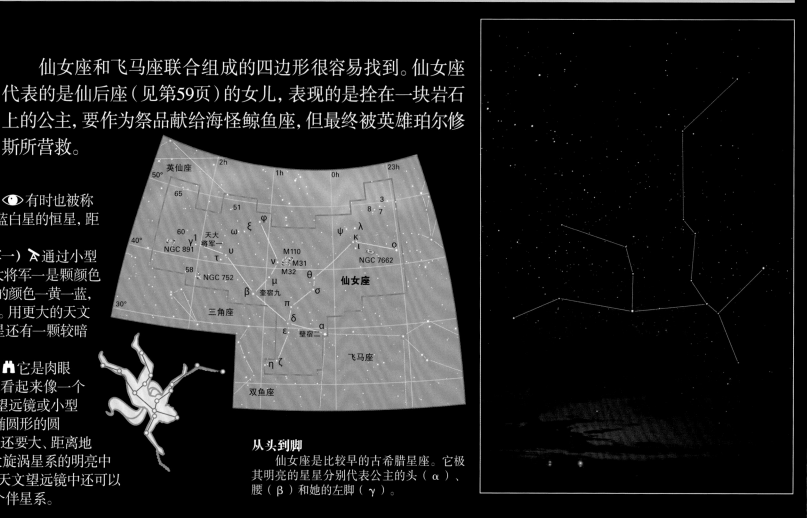

蝎虎座

90° N~33° S完全可见

蝎虎座是由波兰天文学家约翰·赫维留在1687年列入的一个朦胧的小星座，它位于北天的银河中，在仙后座和天鹅座之间。由于星座太小，它包含的深空天体很少，但偶尔会有新星爆发（一颗恒星突然变亮）。它还拥有一个奇特类型的星系。

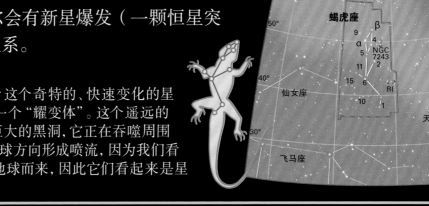

有趣的目标

蝎虎座α 👁 这颗亮度为3.8等的蓝白色恒星距离地球102光年，这意味着它的亮度大约是太阳的27倍。

NGC 7243 🔭 这个松散的蓝白色恒星群距地球大约2800光年，星团的成员是如此分散，以至于一些天文学家怀疑它根本不是一个真正的疏散星团。

蝎虎座BL 📷 这个奇特的、快速变化的星状天体实际上是一个"耀变体"。这个遥远的星系中心有一个巨大的黑洞，它正在吞噬周围的物质，同时向地球方向形成喷流，因为我们看到这些喷流正朝地球而来，因此它们看起来是星状的。

三角座

90° N~52° S完全可见

这个北天的小星座填补了英仙座、仙女座和白羊座之间的间隙。尽管它没有明亮的恒星，但它的起源很古老，古希腊天文学家最初把它看作是字母"δ"的一个版本。它个头儿较小，但相对容易找到。

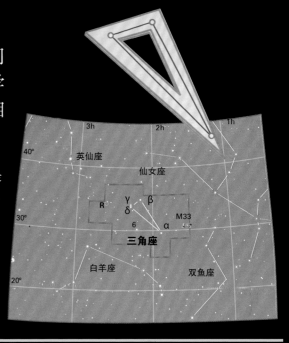

有趣的目标

三角座α 👁 这是一颗距离地球65光年的白色恒星，高度为3.4等。它虽然命名为α，实际上并不是三角座中最亮的星。

三角座β 👁 它比α稍亮，亮度为3.0等，距地球约135光年。尽管这两颗相邻的星看起来很相似，但实际上β比α发出的光要多得多，它被归类为"巨星"。除了这两颗星和M33以外，这个星座中就没有什么值得注意了。

M33 🏠 M33是三角座中最值得一看的目标，它是一个距离地球非常近的旋涡星系，距离约为270万光年。尽管它的个头很大距离又近，但用双筒望远镜或小型天文望远镜观测还是有一定难度，因为它是正面朝向地球，光线分散得很开。M33也被称为三角座星系，是我们所在星系群的第三大成员，排在仙女座星系（M31）和银河系之后。在长时间曝光拍摄的照片中，它看起来像海星，实际上可能在围绕仙女座星系运转。

英仙座

90° N~31° S完全可见

这个星座表现的是希腊神话中的英雄赶来拯救附近的仙女座。他拿着美杜莎的头——谁看到都会马上变成石头。英仙座是早期的希腊星座之一。

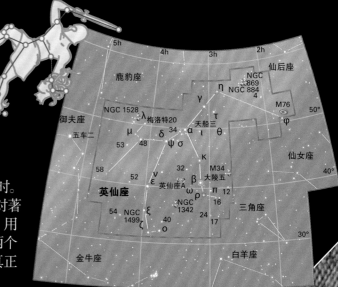

有趣的目标

英仙座α（天船三） 🏠 透过双筒望远镜能看出这颗亮度1.8等的黄色超巨星位于一团较暗的、蓝色恒星组成的星团中央，距离地球590光年。

英仙座β（大陵五） 👁 这颗著名的变星也被称为"眨眼恶魔"。它是第一个被确认的食双星，双星的两颗子星在2.87天内依次从另一颗前面通过，导致这颗星的视亮度从2.1等下降到3.4等，持续约10个小时。

双星团（NGC 869，NGC 884） 🏠 这对著名的星团在双筒望远镜中看起来非常壮观，用肉眼也可以看到，就像银河中的一个亮斑。两个星团都距离地球约7000光年，在太空中是真正的邻居。

白羊座

黄道星座白羊座代表的是伊阿宋和阿尔戈英雄传奇故事中金羊毛的公羊。虽然，它作为"白羊座的第一个点"（黄道与天球赤道相应的点定义为黄经零度）的起始点具有天文学和占星术上的意义，不过这一点现在位于相邻的双鱼座。白羊座的星相对比较暗，构成的形象较难识别。

有趣的目标

白羊座α（娄宿三） 这颗黄色的巨星距离地球约66光年，亮度2.0等。它通用的名字来源于阿拉伯语的"羔羊"。

白羊座γ（娄宿二） 这是一对迷人的双星，它是早期发现的双星之一，是由英国科学家罗伯特·胡克在1664年发现的，小型天文望远镜很容易将它区分成两颗4.8等的白色子星，它们相互绕转，距离地球大约200光年。

白羊座λ 这也是一对双星，双筒望远镜能看出白色的亮度4.8等的主星旁有一颗亮度7.3等的黄色伴星。

传奇的公羊
从三颗暗星构成的曲线中，古代天文学家看到了一只蹲伏的公羊形象，它的头转向后靠在肩上。

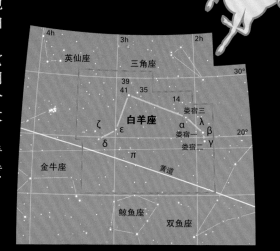

金牛座

这个内容丰富的星座代表着猛烈攻击猎人"猎户座"的公牛。它是最古老的一个星座，在古巴比伦时代就已被确定下来，这也许是因为毕宿五和毕星团形成的独特的牛"脸"。

有趣的目标

金牛座α（毕宿五） 这颗红巨星离地球大约有65光年，亮度在1.0等左右。由于这颗年老的恒星已经开始变得不稳定，它的亮度会有所变化。

毕星团 这个V形星团距离地球约160光年，比毕宿五要远得多。双筒望远镜会揭示出壮丽的繁星。

昴星团（M45） 这个著名的疏散星团代表着公牛的肩膀，它是以一群希腊神话中的仙女命名的。肉眼观察它通常会看到所谓的"七姐妹"中的六个，但透过双筒望远镜或天文镜会看到更多炽热的蓝色恒星。这个星团的年龄只有5000万年，距离地球有400光年。

蟹状星云（M1） 这个星云是一颗超新星在1054年爆发后的遗迹。

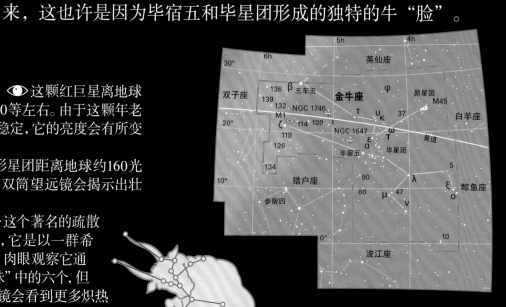

愤怒的公牛
金牛座是天上的公牛正把它的角刺向夜空中。据说这头公牛代表希腊神话中宙斯的化身。

双子座

90° N~55° S完全可见

这个星座代表的是双胞胎兄弟卡斯特与波吕克斯，他们是特洛伊战争中被掳走的海伦的兄弟，也是去寻找金羊毛的"阿尔戈"号的船员。双子座很容易找到，它邻近猎户座。

有趣的目标

双子座α（北河二） 北河二是一种迷人的聚星系统，总星等为1.6等。一架小型天文望远镜能将它区分成两颗白色的星，而一架更大口径的天文望远镜还能再看到一颗暗淡的红色伴星，而每颗恒星本身又都是双星（都不是视双星），北河二实际上是一个六星系统。

双子座β（北河三） 与北河二不同，北河三是一颗单独的黄色恒星，距地球约34光年，它的亮度为1.2等，比北河二要亮。

M35 这个疏散星团用肉眼就可以看到，但更适合用双筒镜观测。在双筒望远镜中它看起来是一个与满月大小相同的、拉长的椭圆形光斑。

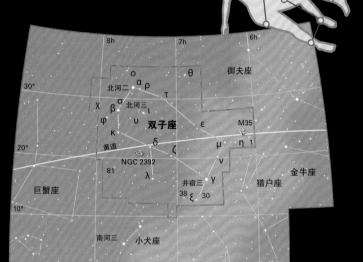

天上的双胞胎

北河二和北河三是希腊神话中的双胞胎兄弟，它们在天空中肩并肩地站在金牛座与巨蟹座之间。上图中双子座中间明亮的"星"实际上是土星。

巨蟹座

90° N~57° S完全可见

虽然巨蟹座的星都比较暗，组成的形象也比较模糊，但仍然很容易被找到。这是因为它位于狮子座和双子座之间较明亮的恒星中。巨蟹座代表的是一只攻击大英雄赫拉克勒斯的螃蟹，但被他踩碎在脚下。

有趣的目标

巨蟹座α（柳宿增三） 这颗星西方名字的意思是"蟹钳"，实际上它比附近的β更暗。它是一颗亮度为4.2等的白色恒星，距离地球约175光年。

巨蟹座β（柳宿增十） 它是巨蟹座中最亮的星，是一颗橙色的巨星，距地球290光年，亮度为3.5等，明显比巨蟹座α亮。

鬼星团（M44） 这是一个由大约1000颗恒星组成的星团，在天空中分布的面积是满月的三倍。虽然它们组合起来的光线肉眼很容易看到，但分辨单个恒星还需要用双筒望远镜。这个星团也称为蜂巢星团。

难以看见的螃蟹

巨蟹座是黄道星座中最暗的一个，但它包含一个巨大的星团M44，其肉眼可见，位于星座的中心附近。

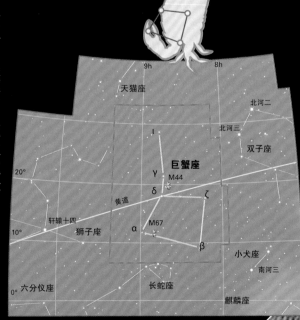

星座

67

小狮座

这个星座是由波兰天文学家约翰·赫维留在1680年左右列入的，他声称这群星像附近的狮子座。但实际上二者之间的相似之处并不是显而易见的。好像赫维留只是想为他伟大的星图填补一个空隙而已。

90° N~48° S完全可见

有趣的目标

小狮座46 👁 这颗橙色巨星是这个星座中最亮的恒星，亮度为3.8等。它距离地球大约80光年，但已接近生命的尽头。由于历史上未知的意外原因，它被漏掉了希腊字母的编号。19世纪的英国天文学家弗朗西斯·贝利忘记把这颗恒星记录为 α 。

小狮座β 👁 与此同时，星座中第二亮的恒星却获得了希腊字母的编号。这颗黄色巨星的亮度为4.2等，距离地球190光年。所以实际上它比小狮座46更明亮。

小狮座R 🔭 这是一颗用双筒望远镜追踪起来非常有趣的恒星，它恰好位于小狮座21的西边。它是一颗光变周期为372天的脉动红巨星，类似著名的鲸鱼座变星刍藁增二。它最亮时能达到6.3等，很容易在双筒望远镜中发现，但在它最暗时会消失在小型天文望远镜的视野中。

后发座

这个星座代表了神话中埃及女王的头发。尽管星座内缺乏亮星，但它很容易被找到，因为其位于狮子座和牧夫座的亮星之间。星座中还有重要的星团和星系团。

90° N~56° S完全可见

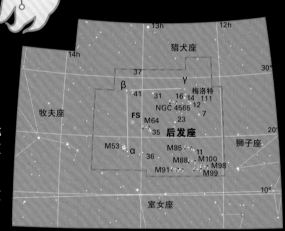

有趣的目标

梅洛特111 👁 梅洛特111是一个极其接近地球的疏散星团，星团中肉眼可见的星在20颗以上。这个星座就得名于这个疏散星团中的几缕暗星。

M53 🔭 它是后发座的两个球状星团中较亮的一个，M53距离地球大约56000光年，透过双筒望远镜可以看见，用小型天文望远镜观测效果更好。

后发座星系团 🔭 这一部分天区散布着许多星系，有些是属于室女座星系团的，距离地球大约5000万年。而另一些更遥远的则属于后发座星系团，中心在后发座β附近。

M64 🔭 后发座中最亮的星系被称为"黑眼睛"星系。这是一个和地球成一定角度的旋涡星系，中间有一个突出的尘埃带。

狮子座

这个黄道星座代表着与赫拉克勒斯搏斗的尼米亚猛狮，形象看起来真像一头趴伏的狮子。狮子座流星雨每年11月出现，流星从称作"镰刀"的狮子头部和颈部区域辐射出来。

82° N~57° S完全可见

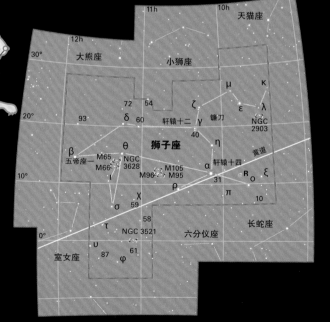

有趣的目标

狮子座α（轩辕十四） 👁 这颗明亮的蓝白色恒星亮度为1.4等，距离地球接近80光年。它是标志着狮子的头和胸的六颗星中最下面的那颗。它有一颗亮度为7.8等的伴星，通过双筒望远镜可以看到。

狮子座γ（轩辕十二） 🔭 这对迷人的双星由两颗黄色巨星组成，距离地球约170光年。

较亮的那颗亮度是2.3等，已知至少有一颗行星围绕它运行。较暗那颗亮度是3.2等。这两颗恒星每600年左右相互绕转一圈。

狮子座R 🔭 这颗红色巨星离地球有3000光年远，亮度变化周期为312天，在大部分时间内我们肉眼看不到，但它最亮时亮度能达到4等。

室女座

57° N~75° S完全可见

室女座位于更容易找到的狮子座的东南方, 通常把它看作丰收女神得墨忒耳。得墨忒耳通常被描绘成手持麦穗的形象, 星座中最亮的星角宿一代表的就是麦穗。室女座有时也被认为是希腊的正义女神戴克。离地球最近的星系团就在室女座。

有趣的目标

室女座α (角宿一) 👁 这颗明亮的恒星平均亮度为1.0等, 距地球大约260光年。它实际上是一对双星, 仅凭目视无法把它们区分开, 且伴星扭曲了主星的形状, 随着恒星朝向地球的截面不同其亮度会产生变化。

M87 🔭 这个巨大的椭圆星系位于室女座星系团的中心, 亮度为8.1等, 距离地球5000万光年。

草帽星系 (M104) 🔭 这个明亮的星系距离地球3500万光年, 比室女座星系团要近得多。这是一个侧面朝向地球的旋涡星系, 看起来像土星一样。星系中一道黑暗的尘埃带穿过它的中心核球。我们通过小型天文望远镜只能看到它的核, 尘埃带只有通过大口径天文望远镜或在长时间曝光拍摄的照片中才能看到。

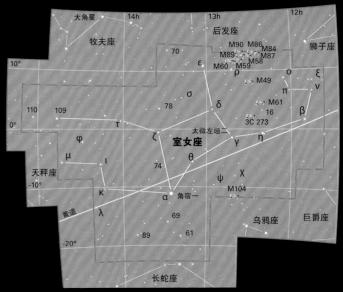

室女座
室女座横跨赤道, 处于狮子座和天秤座之间。它是最大的黄道星座, 在所有星座中第二大。

天秤座

50° N~90° S完全可见

天秤座是黄道十二星座中唯一一个不是以生物而是以物体命名的星座, 它曾经被古希腊人视为邻近的天蝎座的螯。自古罗马时代以来, 天秤座被看作旁边室女座持有的正义的天平。

有趣的目标

天秤座α (氐宿增七) 🔭 天秤座α的在阿拉伯语中意为"南螯"。它是一对明亮的双星, 用双筒望远镜很容易把它区分开, 甚至视力敏锐的人肉眼也可以看出两颗星, 一颗是亮度2.8等的蓝色亚巨星, 另一颗是亮度5.2等的白色恒星, 它们距离地球只有70光年。这对双星北边是星座中最亮的天秤座β (氐宿四), 意为"北螯"。

天秤座μ 🔭 这对双星的两颗星亮度分别是5.6等和6.7等, 距离地球235光年, 稍大些的天文望远镜都可以把它们区分开。

天秤座48 👁 它距离地球510光年, 这颗年轻的恒星还处在其发展的早期阶段, 抛出的多余物质在恒星周围形成的外壳造成它的亮度围绕0.1等不规则地变化。

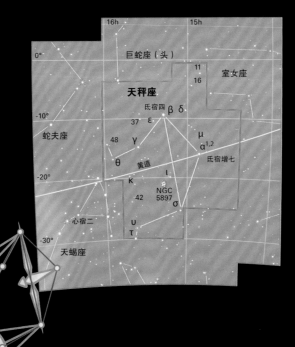

天秤座的星
起初古希腊人把天秤座看作天蝎座的螯, 这就是为什么这个星座中最亮星的名字意为"北螯"和"南螯"。

北冕座

90° N~50° S完全可见

北冕座位于牧夫座的东边，尽管它的星相对较暗，但独特的弧线形状使它很容易被找到，而且星座中包含许多有趣的变星。它代表的是希腊神话中阿里阿德涅公主在和酒神狄俄尼索斯的婚礼上戴在她头上的王冠。

有趣的目标

北冕座α（贯索四） 它是和英仙座的大陵五相似的食双星，平均亮度为2.2等，光变幅度只有0.1等，因而亮度变化不太明显，周期为17.4天。

北冕座R星 这颗迷人的变星通常刚好肉眼可见，亮度为5.8等，由花冠的曲线所包围。但每隔几年就会出人意料地变暗，进而消失在大多数业余天文望远镜中。北冕座R是一颗距离地球6000光年的黄色超巨星，看起来似乎是抛出的物质外壳遮挡了自己的光芒。

北冕座T 与北冕座R相反，每隔几十年，这个被称为"闪耀星"的新星系统的亮度就会从11等迅速增加到2等左右。

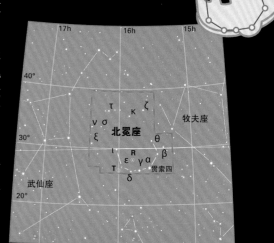

星光灿烂的王冠

北冕座七颗主要的星形成一个弧形，像是天上的王冠。它位于牧夫座和武仙座之间。在希腊神话故事中狄俄尼索斯把阿里阿德涅的宝石王冠抛向天空变成星星。

巨蛇座

74° N~64° S完全可见

这是最早的48个希腊星座之一，它代表一条盘绕着蛇夫座的蛇。与众不同的是，它分为两部分，巨蛇头、巨蛇尾分别在蛇夫座的两边，且两部分都横跨天赤道。

有趣的目标

巨蛇座α（天市右垣七） 它是位于巨蛇头部亮度2.7等的橙色巨星，距离地球70光年。

M5 M5是一个引人注目的球状星团，在黑暗的夜晚肉眼勉强可见，亮度为5.6等左右。透过双筒望远镜或小型天文望远镜看起来是一个模糊的光球，它距离地球24500光年以外，要想看到单个恒星组成的弯曲星链需要用更大的望远镜。

M16 这个由大约60颗恒星组成的疏散星团距离地球8000光年，中心处是巨大暗淡的鹰状星云，那是一个庞大的气体尘埃云，那里正在诞生新的恒星。它看起来是一个模糊的斑块，在天空中占据的面积像满月大小。

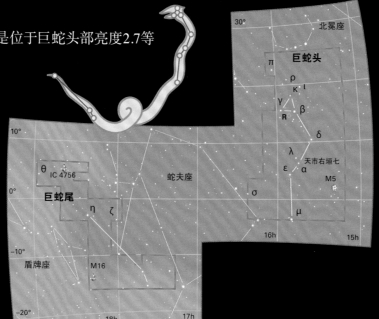

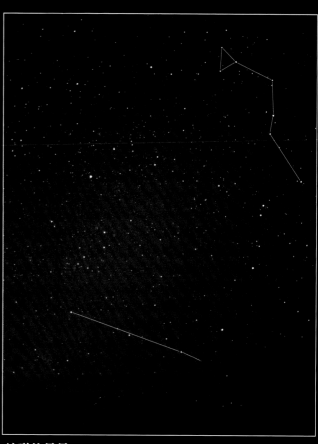

蛇形的星星

蛇的前半部分包含了巨蛇座α（天市右垣七），它的名字源于阿拉伯语"蛇的脖子"。在希腊神话中，因为有能力蜕皮，蛇是重生的象征。

蛇夫座

59° N~75° S完全可见

这个巨大的难以辨认清楚的星座代表的是与巨蛇搏斗的大力士赫拉克勒斯，另一种说法是它代表古希腊神话中的医神阿斯克勒庇俄斯，他手持缠绕着一条蛇的权杖，蛇就是相邻的巨蛇座。

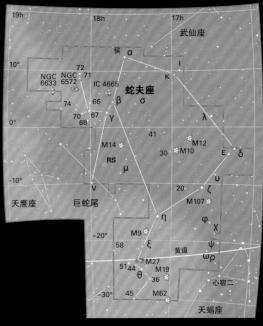

有趣的目标

蛇夫座α（侯） 蛇夫座里最亮的恒星是亮度2.1等的白色巨星，距离地球约50光年。

蛇夫座ρ 这颗漂亮的聚星仍然包含在它形成的暗气体云中。透过双筒望远镜能在亮度5.0等的主星旁看到两颗距离较远的伴星，而用一架小型天文望远镜将会看到另一颗离主星更近的亮度5.9等的伴星。

巴纳德星 这颗有趣的恒星（靠近β）对于双筒望远镜来说太暗了，不过它是天空中自行最快的恒星，距离地球只有6光年。它移动得非常快，在天上走过一个月球的宽度只需要200年。这颗著名的恒星是离太阳第二近的恒星。

蛇夫
蛇夫座代表一个被巨蛇缠绕的人，蛇就是巨蛇座。黄道穿越蛇夫座，在这个区域内可以看到行星。

盾牌座

4° N~90° S完全可见

这个小小的风筝形星座是在17世纪由波兰天文学家约翰·赫维留列入的，最初被命名为"苏别斯基之盾"，是为了纪念赫维留的资助者波兰国王。盾牌座位于银河中，找到它的最佳方法是在牛郎星（位于邻近的天鹰座）和人马座的亮星之间搜索。

有趣的目标

盾牌座δ 这颗亮度4.7等的恒星距离地球260光年，是一类典型的快速变星，它的光变幅度只有0.1等，周期为4.6小时。

盾牌座R 这是一颗比盾牌座δ光变周期长得多的变星，光变过程非常容易追踪。它是一颗黄色超巨星，最亮时亮度为4.5等，最暗时会降到8.8等，正好在双筒望远镜可见的范围内，它的一个光变周期会持续144天。

野鸭星团（M11） 一个多星的疏散星团，很容易用肉眼看到，双筒望远镜观测效果更佳。当透过天文望远镜看时，能看到星星组成一个扇形，就像一群鸭子在飞翔，因此而得名。

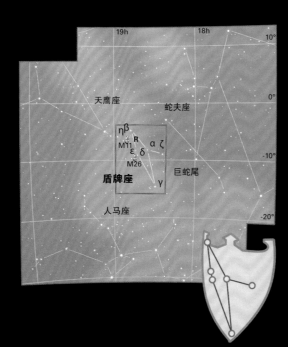

苏别斯基之盾
盾牌座是一个小星座，内部没有特别亮的星，但它位于银河中，在天鹰座和人马座之间，这里的星特别多。银河最亮的一个部分就在盾牌座，称为盾牌座恒星云。

天箭座

虽然这个代表一支箭的小星座在古代就确立了，但它与大星座人马座的射手没有关系。天箭座位于银河中，就像是武仙座赫拉克勒斯向天鹰座和天鹅座发射的箭。

90° N~69° S完全可见

有趣的目标

天箭座α（左旗一）**和β** 👁 天箭座α和β是两颗黄色的星，亮度都是4.4等。它们是空间中是真正的邻居，都位于470光年之外。α的阿拉伯语名字的意思是"箭"。

天箭座γ 👁 它是天箭座中最亮的星，γ是亮度为3.5等的橙色巨星。距离地球175光年。它位于指向东北方的箭头上。

天箭座S 🔭 这颗黄色的超巨星距离地球4300光年，它是一颗脉动变星，亮度在5.5等到6.2等之间变化，周期是8.38天。

M71 🔭 这个星团通常被归类为球状星团，但它的结构相对松散。一些天文学家怀疑它实际上是一个巨大的疏散星团，因为它缺乏典型球状星团的中心恒星密集度。它距离地球大约13000光年，只有通过双筒望远镜才能看见。

天鹰座

这个星座通过搜索最亮的牛郎星和它两边的两个孩子很容易找到。天鹰座描绘的是天神宙斯，宙斯化身为鹰把美少年甘尼美提斯（宝瓶座）带到天上。

78° N~71° S完全可见

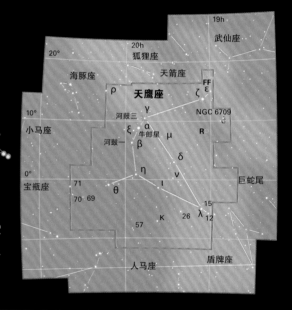

有趣的目标

天鹰座α（牛郎星）👁 牛郎星是离地球很近的亮星，距离只有17光年，亮度0.8等。它和天津四（天鹅座）、织女星（天琴座）构成了北方天空中的"夏季大三角"。

天鹰座β（河鼓一）👁 天鹰座β和γ（河鼓三）分别位于牛郎星的两边，河鼓一稍暗，亮度3.7等，距离地球49光年。亮度2.7等的河鼓三是一颗巨星，呈明显的橙黄色，与地球的距离超过河鼓一的5倍。

NGC 6709 🔭 天鹰座穿过银河的密集区，NGC 6709是一个距离地球3000光年的疏散星团，在双筒望远镜中看起来就像恒星云中的一个亮结。

狐狸座

这是另一个由波兰天文学家约翰·赫维留在17世纪末补充的星座。它只包括没有组成明显图案的少量暗星，在明亮的飞马座西边。

90° N~61° S完全可见

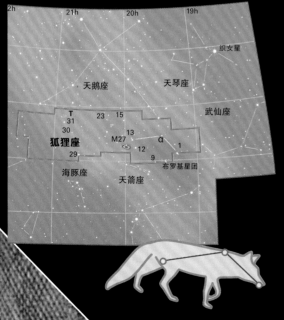

有趣的目标

狐狸座α 👁 这个星座最亮的星亮度只有4.4等。它是一颗距地球约250光年的红巨星。

布罗基星团 👁 这一小群星位于狐狸座的南部边界附近。它的成员亮度在肉眼可见范围内，在双筒望远镜中看起来很漂亮。

哑铃星云（M27） 🔭 它是狐狸座中最著名的天体，是天空中最亮也是最容易找到的行星状星云。哑铃星云看上去是一个圆形的光斑，有满月直径的1/4大，距地球约1000光年。它是一个适于用小型天文望远镜观测的目标，可以看出双瓣叶子或沙漏的形状，也因此得名哑铃星云。它通常看起来呈灰绿色。

海豚座

90° N~69° S完全可见

海豚座是位于飞马座西边的一个小星座，内部没什么亮星，但比较容易辨别。它代表着希腊神话中两只海豚中的一只，一只是海神波塞冬派出救援溺水的七弦琴乐手阿赖恩，另一只是去说服美人安菲特律特成为波塞冬的新娘。

有趣的目标

海豚座α（瓠瓜一） 这颗炽热的蓝白色恒星距地球190光年，亮度为3.8等。

海豚座β（瓠瓜四） 它比α稍亮，瓠瓜四是一颗纯白的亮度3.6等恒星，距地球72光年。海豚座α和β的西文名称分别是Sualocin和Rotanev，这是意大利天文学家尼科勒·卡恰托雷拉丁文名字Nicolaus Venator的反向拼写，1800年前后他在西西里岛的巴勒莫天文台工作，他无视规则，调皮地以自己名字命名了这两颗星。

海豚座γ 这迷人的双星距地球约125光年，它由两颗亮度4.3等和5.1等的黄白色星组成，用小型天文望远镜很容易把它们区分开。γ、α、β和δ组成的星群被称为"约伯之棺"，这个名字可能是根据其箱形或钻石形的外观而来。

小马座

90° N~77° S完全可见

小马座是全天第二小的星座，星座中的星都相对比较暗。它代表了一匹小马的马头，虽然没有与之对应的神话传说，但自古以来它一直被看作附近较大的马形星座飞马座的一个同伴。在飞马座西南角的ε（危宿三）与钻石形的海豚座之间就可以找到楔形的小马座。

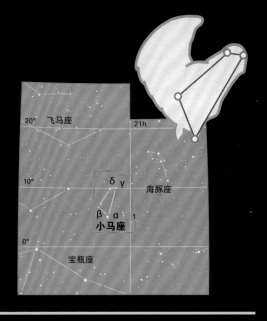

有趣的目标

小马座α（虚宿二） 这颗亮度3.9等的黄色巨星距太阳190光年，还比太阳亮75倍。

小马座ε 这颗三合星也称为小马座1，包含着一个真正的双星系统和一颗偶然排列在这里的星。一架小型天文望远镜将看出亮度5.4等的主星旁有一个恰好位于同一方向的亮度7.4等的伴星。较暗的星实际上距离地球更近，只有125光年，而主星距离地球有200光年。在大型天文望远镜中能显示出主星本身是真正的双星。

飞马座

90° N~53° S完全可见

飞马座是非常大的星座，覆盖了一大片空旷的天空。这个星座很容易找到，因为它的四颗亮星（其中一颗与仙女座共享）构成了飞马座大四边形。它是最初的48个希腊星座之一。

有趣的目标

飞马座α（室宿一） 正常情况下它是星座中最亮的星，呈蓝白色，亮度为2.5等。距离地球有140光年。

飞马座β（室宿二） 这颗红色巨星与飞马座四边形中的其他恒星的颜色有明显的差别，它距离地球200光年。亮度会不规则地变化，通常亮度约为2.7等，但有时它会比室宿一还亮，亮度达到2.3等，偶尔还会变得比飞马座γ（壁宿一）还暗，亮度约为2.9等。

M15 这个明亮的6.2等球状星团很容易通过双筒望远镜发现，它距离地球超过30000光年。它是银河系中极其密集的恒星群之一。它包含九颗脉冲星，是过去超新星爆炸的遗迹。

宝瓶座

65° N~86° S完全可见

这是一个最古老的星座，是黄道十二星座的成员。从公元前2000年以来宝瓶座一直被看作是一个从水罐中倒水的青年（但有时又被看作是一个老人）。星座中的星构成的图案不是特别清晰，但是它最亮的星和Y形的水瓶图案可以用来辅助找到这个星座。

有趣的目标

螺旋星云（NGC 7293）这是离我们最近的行星状星云，距离地球只有300光年。它也是看起来最大的行星状星云，视直径有1/3满月大小，由于它的光线要分散到这样一个大的区域，所以星云只能在晴朗和黑暗的天空条件下借助天文望远镜才能被辨认出来，最好是用有宽阔视场的双筒望远镜观测。

土星星云（NGC 7009）这是星座中另一个行星状星云，距离地球3000光年，亮度8等，用小型天文望远镜观察，它的样子与土星的圆面很相似。

M2 这是宝瓶座中的两个球状星团中较亮的一个，亮度6.5等。距离地球有37000光年。

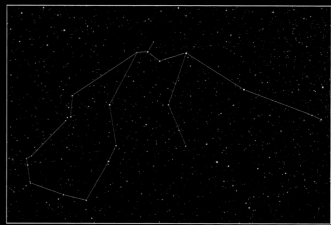

倒水

宝瓶座位于摩羯座和双鱼座之间，靠近天赤道。代表从宝瓶座罐子中流出的水的一串星在上方这个图像的左边。形状独特的水罐在中央上部。

双鱼座

这个黄道星座代表神话中的两条鱼。找到这个星座最好的方法是从飞马座四边形的下边开始。在古希腊神话中，女神阿弗洛狄忒和她的儿子厄洛斯为了逃脱一个叫堤丰的可怕怪物，变成鱼跳入幼发拉底河中。在同一个故事的另一个版本中，两只鱼游上来，把阿佛洛狄忒和厄洛斯背到了安全的地方。

83° N~56° S完全可见

有趣的目标

双鱼座α（外屏七） 双鱼座α代表着双鱼座的两条鱼尾巴连接的地方，它是一对双星，尽管这两颗白色的星因为靠得太近，小型天文望远镜无法将它们区分开。它们距离地球140光年，亮度分别为4.2等和5.2等，总亮度是3.8等。

双鱼座η 双鱼座η是双鱼座中的第二亮星，它是一颗黄色巨星，亮度3.6等，比α的每颗子星都亮，与地球的距离比它们远两倍以上，距离为300光年。

M74 这个距离地球2500万光年的旋涡星系正面朝向地球，它的光线很分散，对小型天文望远镜来说是一个极具挑战性的目标。

双鱼座小环

双鱼座最显著的特点是在右上方组成一圈的七颗星，称为小环，它位于飞马座大四边形的南面，代表一条鱼的身体。

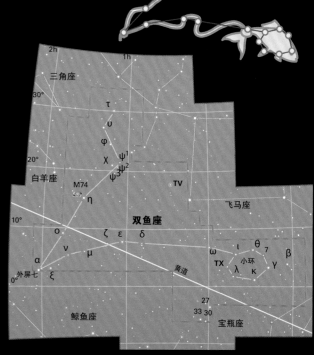

鲸鱼座

65° N~79° S完全可见

鲸鱼座通常被看作鲸鱼的样子，是天空中珀尔修斯和仙女的传奇故事中的一只海怪。鲸鱼座很大，但星座中的星相对都比较暗，找到它最好通过附近的金牛座。星座中最著名的星刍藁增二由于亮度变化剧烈，对识别这个星座没有什么帮助。

有趣的目标

鲸鱼座o（刍藁增二） 刍（chú）藁（gǎo）增二的西方名字来源于拉丁语"奇迹"，是天空中最著名的变星，1596年被确认。它具有独特的红色，在332天的周期内，亮度在10等到2等之间变化。刍藁增二是一颗不稳定的红巨星，随着大小的波动它的亮度在不断变化，根据它在周期内膨胀或收缩的程度不同，有时可以用肉眼看到，有时只能望远镜可见。

鲸鱼座τ 它是距离地球最近的类太阳恒星之一，它距离地球只有11.9光年。严格说来，它是一颗黄色亚矮星，周围环绕着尘埃盘，被认为有五颗行星围绕它运行。

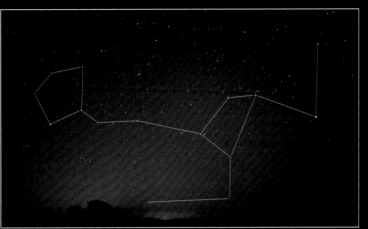

蹒跚的怪物

鲸鱼座是在托勒密的《天文学大成》中列出的48个希腊原始星座之一。它位于天赤道区域，在双鱼座和白羊星座的南边。

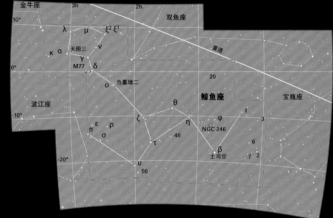

猎户座

90° N~57° S完全可见

这个著名的星座包含两颗最亮的恒星和天空中最清晰的发射星云，代表的是一个希腊神话中的猎人。猎户座站在天空中，面对金牛座，后边跟随着他忠实的猎犬——大犬座和小犬座。

有趣的目标

猎户座α（参宿四） 距地球大约430光年，是天空中极其明亮的红超巨星之一。但其亮度有不可预测的变化，光变幅度在0.2等到1.3等之间，通常在0.5等左右。参宿四非常巨大，天文学家已经能够绘制出它的表面。

猎户座β（参宿七） 除了在参宿四最亮的极少数时间里，参宿七是猎户座中最亮的恒星。它是一颗明亮的蓝色超巨星，亮度0.1等，代表着猎户的一只脚。参宿七离地球约770光年。

猎户座大星云（M42） M42是一个巨大的恒星形成的区域，距离地球约1500光年，它构成了猎户座腰带三颗星下面的"佩剑"，星云及其周围的恒星肉眼可见，通过双筒望远镜或小型天文望远镜看起来非常美丽。在它的中心是一个由四颗最近形成的恒星组成的小星团，称为猎户四边形星团。

明亮的猎人

猎户座是最壮观、最容易辨认的星座之一。连成一线的三颗星组成猎人的腰带，而一个星团和星云的区域组成了他的佩剑。

星座

大犬座

56° N~90° S完全可见

大犬座在猎户座后面，伴随着猎人穿越夜空，星座中的天狼星是天空中最亮的恒星。由于位于银河之中，它还包含了几个星团和其他深空目标。

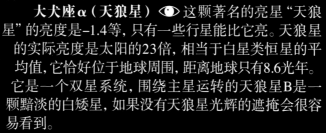

56° N~90° S完全可见

有趣的目标

大犬座α（天狼星） 👁 这颗著名的亮星"天狼星"的亮度是–1.4等，只有一些行星能比它亮。天狼星的实际亮度是太阳的23倍，相当于白星类恒星的平均值，它恰好位于地球周围，距离地球只有8.6光年。它是一个双星系统，围绕主星运转的天狼星B是一颗黯淡的白矮星，如果没有天狼星光辉的遮掩会很容易看到。

大犬座β（军市一） 👁 虽然看起来亮度只有2.0等，但军市一的发光能力实际上远比天狼星强，它是一颗蓝巨星，距离地球500光年。

M41 👁 这个疏散星团肉眼可见，看起来是满月大小的模糊光斑，距离地球有2300光年。双筒望远镜能分辨出它最亮的恒星，而透过天文望远镜能看到从中心辐射出的恒星链。

小犬座

89° N~77° S完全可见

这个小星座因为有亮星南河三很容易被找到。它是原始古希腊星座之一，代表着猎户座的两条猎狗中较小的那只。南河三与大犬座的天狼星以及猎户座的参宿四在天空中形成了一个明显的三角形。这个星座的边界几乎在天球赤道上。

有趣的目标

小犬座α（南河三） 👁 这颗亮星希腊名字的意思是"在狗前面"，因为在地中海地区，它总是比更明亮的天狼星早一刻升起。它是天空中著名的恒星之一，亮度为0.4等。南河三和天狼星距离地球一样远，两颗恒星相比较，南河三的实际亮度比太阳亮7倍，而天狼星是23倍。和天狼星一样，南河三也是一个双星系统，伴星南河三B也是白矮星。

小犬座β（南河二） 👁 这颗高度2.9等的蓝白色恒星比南河三要远得多也亮得多，距地球约150光年。它的名字来源于阿拉伯语"一只小眼睛"，是指天狼星哭泣的小妹妹，他在她身后逃命。

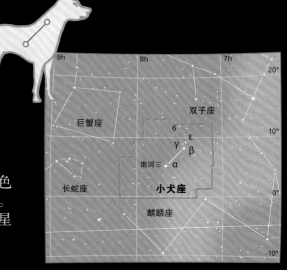

麒麟座

78° N~78° S完全可见

W形的麒麟座是很难看出来的，但可以根据猎户座和大犬座来确定它的位置。这个星座位于天赤道上，在参宿四（猎户座）、南河三（小犬座）和天狼星（大犬座）组成的三角形的中央。它是荷兰神学家彼得勒斯·普朗修斯在1613年列入的星座，描述了一个独角兽的形象。

有趣的目标

麒麟座α 👁 这是星座中最亮的星，它是一颗橙色星，距离地球约175光年，亮度为3.9等。

麒麟座β ✦ 麒麟座β是这个星座中的亮点，它是美丽的三合星，用一架小型天文望远镜可以把它区分成三颗亮度5等左右的蓝白色恒星。

M50 🏰 这是穿过麒麟座的密集银河带中的几个疏散星团中的一个。小型天文望远镜可以把它区分为单个恒星。

NGC 2244 🏰 这个星团位于一个叫作玫瑰星云的炽热气体云的中心，这是一个中心在猎户座的、巨大的、复合的恒星形成区的外围部分。玫瑰星云（NGC 2237）本身是弥漫星云，但在漆黑的夜晚可以用好的双筒望远镜看到。

长蛇座

54° N~83° S完全可见

天空中最大的星座是一条不容易看到的由普通亮度的恒星组成的长链。这条长蛇的头部位于巨蟹座南部的一个大致呈三角形的恒星群。星座中最亮的星星宿一（"孤独者"）代表长蛇的心。

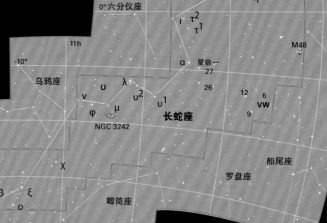

有趣的目标

M48 👁 这个疏散星团位于长蛇座边界，紧靠麒麟座的恒星密集区域。它包含大约80颗恒星，在黑暗的天空中肉眼可见。

M83 ✈ 这个正面朝向我们的旋涡星系距离地球1500万光年，它有一个明亮的中央核，用小型天文望远镜可以轻易地找到。

长蛇

在上面这张照片的右边是长蛇的头，位于巨蟹座的南面（木星在这里），而它尾巴的末端一直向左边延伸。

唧筒座

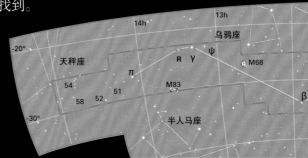

49° N~90° S完全可见

法国天文学家尼古拉斯·德·拉卡伊在他1756年的南天星图中列入了这个星座，这是为了纪念法国物理学家丹尼斯·帕潘和英国物理学家罗伯特·波义耳发明真空泵。找到唧筒座最好的方法是向通过船尾座银河的东北方看。

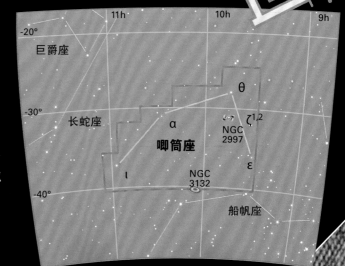

有趣的目标

唧筒座α 👁 这颗橙色巨星的亮度是太阳的500倍，但由于距离地球365光年，所以它的亮度看起来只有4.3等。

唧筒座θ 👁 唧筒座θ亮度为4.8等，是这个星座中第二亮的星。它实际上是一对双星，两颗星的亮度分别为白色5.6等和黄色5.7等，距离地球有385光年。可惜小型天文望远镜不够强大，无法将它们区分开。

双环星云（NGC 3132） ✈ 它有时也被称为南天环状星云，这个星云横跨唧筒座和船帆座的边界，距离地球约2000光年。它是一个行星状星云，是一颗类太阳恒星变成红巨星并抛出外层物质后形成的。NGC 3132的亮度为8等，是用小型天文望远镜观测的好目标。

船帆座北部

唧筒座是南半球船帆座和长蛇座之间的一个不显眼的星群，星座中包含的恒星不多。

六分仪座

这个星座是以一个在望远镜出现之前用于测量恒星位置的导航科学仪器命名的。它的形象很容易找到，因为它在狮子座的亮星轩辕十四的南边。六分仪座是波兰天文学家约翰·赫维留在1687年列入的。

78° N~83° S完全可见

有趣的目标

六分仪座α 👁 这颗蓝白色巨星离地球大约有340光年，由于距离较远，六分仪座α在地球的天空中亮度相对较暗，只有4.5等。

六分仪座β 👁 它是星座中另一颗蓝白色的巨星，六分仪座β比α发光能力更强，但在地球的天空中亮度仅达到5.1等，因为它离地球有520光年远。

纺锤星系（NGC 3115） 🔭 NGC 3115是非常接近地球的大星系中的一个，大约有1400万光年远（许多矮椭圆星系距离地球更近，但它们对业余观测者来说太暗了）。NGC 3115通常被归类为透镜状星系，由于它侧面朝向地球，其巨大的、凸出的恒星盘呈现出椭圆形。它所有恒星的组合亮度达到8.5等，在双筒望远镜中可见，不过最好用一个小到中等口径的天文望远镜来观察。它因为极度细长的形状被称为纺锤星系。

巨爵座

65° N~90° S完全可见

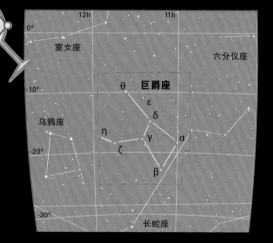

这个星座的星都很暗，但由于其独特的"领结"形状，仍然相对容易找到。它代表着希腊神话中阿波罗神的饮酒杯，并且相邻的星座也与此神话故事有联系。据说阿波罗派乌鸦去井中打水盛满他的杯子，但是乌鸦被一棵无花果树分了心，只带回一个空杯子，并谎说是水蛇封锁了水井。愤怒的阿波罗识破了乌鸦的谎言，把蛇、杯子和乌鸦扔到天上，使它们在群星中留存下来。

有趣的目标

巨爵座δ 👁 巨爵座最亮的星由于历史上的原因意外地以δ命名。这是一颗亮度3.6等的橙色巨星，距离地球62光年。

巨爵座α 👁 巨爵座α是一颗黄色的巨星，距离地球约175光年，亮度4.1等，稍暗于巨爵座γ。

巨爵座γ 👁 这颗白色恒星距离地球75光年，亮度4.1等，在小型天文望远镜中可以看到它有一颗暗的伴星。

乌鸦座

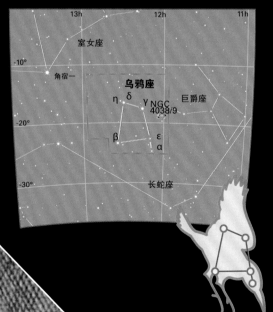

65° N~90° S完全可见

乌鸦座由四颗极亮的星构成类似矩形的形状，代表着一只乌鸦，在和巨爵座、长蛇座有关的希腊神话故事中，它是阿波罗神的仆人。它的外形不是很清晰，找到它的最好方法是从室女座的亮星角宿一向西南方看。

有趣的目标

乌鸦座γ（轸宿一） 👁 乌鸦座最亮的星γ是一颗蓝白色的亮度2.6等恒星，距离地球220光年。它与天鹅座ε共享一个通用名字。

乌鸦座δ ✵ 这是一对双星，距离地球115光年，是适于小型天文望远镜观测的目标，明亮的蓝白色主星旁围绕着一颗亮度9.2等深蓝色或紫色的伴星。

乌鸦座α（右辖） 👁 尽管拜尔星名字母命名法通常把最亮的星指定为α，但乌鸦座α比γ、β和δ都要暗。它是一颗距地球52光年远的白色恒星，亮度为4.0等。

触须星系（NGC 4038和4039） ✵ 这些微弱的星系通过小型天文望远镜几乎看不见，是一对相互碰撞的旋涡星系。它们的名字描述了星系碰撞过程中抛出的恒星、气体和尘埃构成的长长的卷曲的须状物质。

半人马座

25° N~90° S完全可见

半人马座延伸到银河之中,包含几个深空天体以及与地球最近的恒星。这个星座代表希腊神话中名叫喀戎的半人半马的怪物。

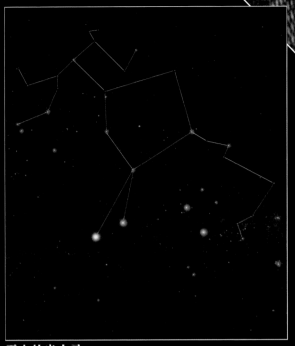

有趣的目标

半人马座α(南门二) 它是全天第三亮的恒星,亮度-0.3等,这个恒星系是我们最近的邻居,距离只有4.3光年。透过一架小型天文望远镜可以发现,这颗明亮的恒星实际上是一颗黄色的亮度0等恒星和一颗亮度1.3等的橙色伴星。另一颗伴星是亮度11等的红矮星比邻星,只有通过好的天文望远镜才可以看到。

半人马座ω(NGC 5139) 尽管半人马座ω是恒星的名字,但它是天空中最明亮的球状星团,是一个由数百万颗恒星组成的紧密球体,它距离地球17000光年,亮度3.7等。肉眼看起来它是一颗大而朦胧的恒星,用小型天文望远镜能看出这个球状星团中明亮的个体成员。

NGC 5128 这个明亮的星系是一个椭圆活动星系,距离地球大约1500万光年,能发出强烈的射电信号。

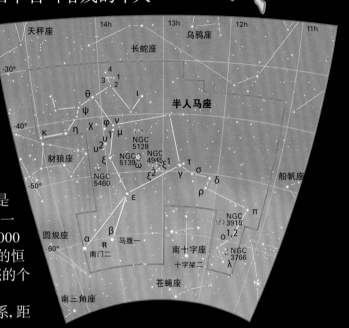

天上的半人马
两颗明亮的恒星半人马座α和β把我们的视线引向天上半人半马的怪物。熟悉的十字形南十字座位于半人马身体的下方。

豺狼座

34° N~90° S完全可见

这个星座在银河的南边,星座中有一大堆杂乱的星,虽然相对较亮但要辨认出豺狼座也有一定难度。不过,它位于更容易识别的天蝎座和半人马座之间,还包含了许多有趣的天体。

有趣的目标

豺狼座α和β 豺狼座两颗最亮的星几乎完全一样,在空间上也相邻。两颗都是蓝巨星,距离地球大约650光年,但α稍微近一些,它的亮度为2.3等,β的亮度是2.7等。

豺狼座μ 豺狼座中的许多星是双星,μ是最容易看出来的。用小型天文望远镜很容易看出蓝白色的亮度4.3等的主星和亮度7等的伴星。透过大型天文望远镜将显示出主星本身也是一对双星,由亮度5.1等的两颗星组成。

NGC 5822 这个巨大的疏散星团距离地球大约2600光年,总星等为7.0。

NGC 5986 这个球状星团的亮度也是7等,它比NGC 5822要远得多,距离地球45000光年左右,但它的恒星数量要多得多。

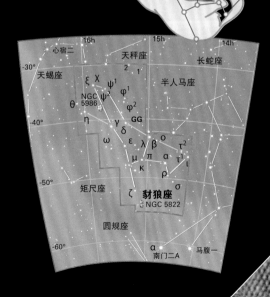

野兽祭品
豺狼座的一部分被半人马座包围着。在希腊和罗马神话中,豺狼座代表着被半人马的长矛刺中的野兽。在文艺复兴时期,豺狼座通常被看作一匹狼。

马上的弓箭手
　　著名的人马座在天蝎座和摩羯座之间，它位于南天球。在希腊神话中，人马座也被看作是半人半羊的山林和畜牧之神潘的儿子克洛托斯。

人马座

　　这个星座表现的是一个手持弓箭的半人半马怪物（上半身是人，下半身是马）。人马座在银河最密集的天区，它中央的恒星在天空中组成一个茶壶形状的图案。

44° N~90° S完全可见

有趣的目标

　　人马座σ（斗宿四） 👁 这颗蓝白色的恒星是星座中最亮的星，亮度为2.0等。

　　人马座β（天渊一） 👁 这对视双星由两颗亮度约4.0等的恒星组成，用肉眼就可以区分开它们，但它们只是偶然的排列在同一个方向，实际上它们距离地球分别是140光年和380光年。

　　礁湖星云（M8） 👁 人马座因为位于银河系中心方向而拥有丰富的深空天体。最精彩的是包括ω星云（M17）在内的一系列正在形成恒星的星云。其中最大、最明亮的是M8，其肉眼可见，就像天空中的一个光斑，用双筒望远镜很容易识别。

　　M22 👁 它肉眼可见，在双筒望远镜中看起来很漂亮，这是星座北部几个球状星团中最亮的一个。

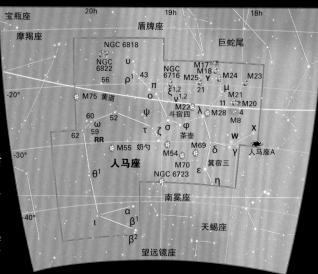

天蝎座

　　这个古老的黄道星座包含许多稠密的银河系恒星云。在希腊神话中天蝎座代表杀死猎户的蝎子，因此被放在天空中的另一边。

44° N~90° S完全可见

有趣的目标

　　天蝎座α（心宿二） 👁 天蝎座α西方名字的意思是"火星的敌人"，这颗明亮的恒星在4到6年内亮度在0.9等到1.8等之间变化。两侧近乎相同的天蝎座σ和τ让它更容易识别。心宿二是一颗红超巨星，它比太阳大几百倍，距离地球600光年。

　　M6 👁 这个精细的星团肉眼可见，它像银河中的一个"结"，悬在蝎子尾巴的上方。双筒望远镜或小型天文望远镜揭示出几十颗恒星。M6距离地球2000光年，而与其碰巧相邻的M7距地球只有800光年，所以看起来更明亮。

　　M4 🔭 这个绕银河系中心运转的球状星团距离地球7000光年，其亮度为7.4等，是双筒望远镜或天文望远镜的理想观测目标。

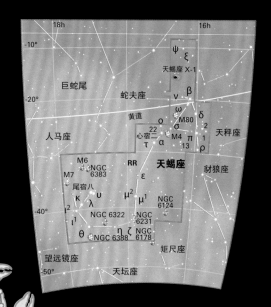

尾巴上的刺
　　右图中的天蝎座显示着一只蝎子正抬起弯曲的尾巴，好像要发起攻击，红色的心宿二代表它的心。

摩羯座

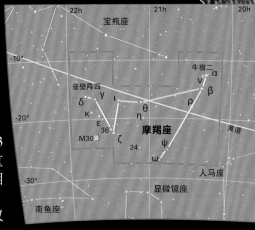

与西南方的邻居人马座相比，摩羯座不太容易辨认。这个星座代表了天空中一个奇特的生物——一半是鱼一半是山羊。在古希腊的传说中，摩羯座被认为是山羊头的神潘，在天空中形象表现的是他为脱险变成一条鱼的样子。

62° N~90° S完全可见

有趣的目标

摩羯座α 这是一颗令人印象深刻的聚星，尽管不是所有的子星都是真正有关系的。最亮的两颗星用双筒望远镜或视力很好的肉眼很容易区分开，一颗是亮度4.2等的黄色超巨星（α¹），另一颗是亮度3.6等的橙色巨星（α²），距离地球分别是690光年和109光年。用小型天文望远镜可以看出黄色的超巨星本身就是一对双星；更大的天文望远镜会揭示出——橙色超巨星

实际上是一颗三合星。

摩羯座β（牛宿一） 用双筒望远镜可以看到这颗亮度3.3等的黄色巨星暗弱的伴星。摩羯座β实际上是一颗复杂的多重星，它至少包含5颗恒星，甚至可能有8颗恒星，它们在轨道上相互绕转，距离地球330光年。

M30 这个亮度7.5等的球状星团距离地球27000光年，在双筒望远镜中可见。从星团北边伸展出来的一串星星像手指一样。

显微镜座

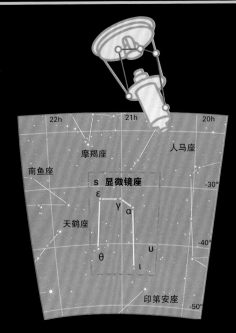

45° N~90° S完全可见

这个星座是法国天文学家尼古拉斯·德·拉卡伊在18世纪50年代添加到星座列表中的几个暗弱的小星群之一，它们中的大多数以科学仪器命名。找到显微镜座最好的方法是在人马座的亮星和北落师门（南鱼座）之间寻找。

有趣的目标

显微镜座α 这对双星距地球250光年，主星是一颗亮度5.0等的黄色巨星，而它的伴星亮度要暗得多，只有10等，只有用中等口径的天文望远镜才可以看见。

显微镜座γ 显微镜座γ是一颗距离地球245光年的黄色巨星，亮度4.7等，比显微镜座α稍亮。在它的东边是显微镜座ε，而显微镜座α位于其西方。

显微镜座θ 这是星座中几颗变星中最亮的一

颗，但通常很难看出它的变化，因为它的光变周期为2天，平均亮度4.8等，变化幅度只有0.1等左右。

显微镜座U 这颗遥远的红巨星是比较明显的变星，和鲸鱼座著名的刍藁增二以同样的方式膨胀、收缩，它的光变范围在7.0等到14.4等之间，周期是334天。类似的变星还有显微镜座S，但其光变周期较短，只有209天。

南鱼座

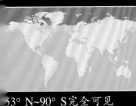

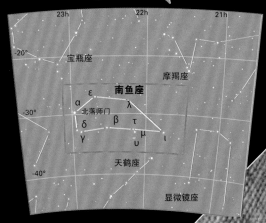

这个主要由暗星构成的环形小星座由于有北落师门的加入而变得很明显，它是天空中极其明亮的星之一。南鱼座是古代就有的星座，也是古希腊天文学家托勒密制定的48个星座列表中最南边的一个。

53° N~90° S完全可见

有趣的目标

南鱼座α（北落师门） 它是全天第18亮的星，亮度1.2等。它距离地球相对较近，只有22光年远，这意味着它的实际亮度是太阳的16倍。北落师门是第一颗被发现周围有物质盘的星，冰冷的物质盘直径约有太阳系的两倍。看来，北落师门是相对比较年轻的恒星，尚在形成自己行星的过程中。

南鱼座β 这是距离地球135光年的双星，主星亮度4.3等，通过小型天文望远镜很容易看到距离较远的亮度7.7等的伴星。

南鱼座γ 这是一对更具挑战性的双星，γ的主星亮度4.5等，距离较近的伴星亮度8.0等。这个双星系统距地球325光年。

玉夫座

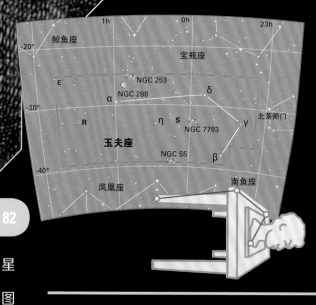

50° N~90° S完全可见

玉夫座代表一个雕刻家的工作室，这是由法国天文学家尼古拉斯·德·拉卡伊在天空中增加的一个更奇怪的星座。星座中的星都很暗，组成的形状也不吸引人，但作为补偿，星座里有几个有趣的邻近地球的星系。

有趣的目标

玉夫座α 它是星座中最亮的星，是一颗蓝白色巨星，距离地球590光年，亮度4.3等。

NGC 55 这个亮度8等的星系距离地球仅600万光年，刚好位于地球所在的本星系群的边缘前方。它是一个旋涡星系，尘埃云和恒星密集区使它呈现出斑驳的样子。虽然它透过双筒望远镜可见，但小型天文望远镜更容易观测到它。

NGC 253 这个旋涡星系距离地球大约900万光年，是玉夫星系群中最大最亮的成员，它位于星系群的中心，亮度7.5等左右，在双筒望远镜中呈现为一个模糊的满月大小的椭圆形光斑。星系的中央区域有一个明亮的星形点，表明其中心异常活跃。它像NGC 55一样侧面朝向地球，但它更亮，用双筒望远镜更容易看到。

天炉座

50° N~90° S完全可见

天炉座是尼古拉斯·德·拉卡伊在18世纪50年代早期在好望角观测时列入的另一个星座，最初的原型是化学家的熔炉。它几乎被较大的波江座和鲸鱼座所包围。

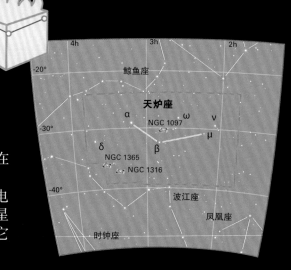

有趣的目标

天炉座α 它是星座中最亮的星，天炉座α是一对双星，用小型天文望远镜很容易看出亮度3.9等的黄色主星旁6.9等的橙色伴星。

NGC 1097 它距离地球6000万光年，亮度10.3等，是天空中极其明亮的棒旋星系之一。用一架小型天文望远镜会看出它明亮的中央核，用更大的仪器可以看出棒结构和一个通过中心的暗尘条。天文学家现在认为银河系也是一个棒旋星系。

NGC 1316 这个不同寻常的星系是一个强射电源，称为天炉座A。它看起来是一个刚吞并了另一个星系的椭圆星系，落入这个大星系的尘埃和气体激发了它中心的黑洞，使其核心异常明亮和活跃。

雕具座

41° N~90° S完全可见

雕具座是法国天文学家尼古拉斯·德·拉卡伊在南方天空中列入的另一个星座，是天上最不引人瞩目的星座之一。星座中的两颗暗星组成的图案代表18世纪雕刻师的凿子。

有趣的目标

雕具座α 它是雕具座最亮的星，亮度只有可怜的4.5等。它是一颗距地球62光年的白色恒星。

雕具座β 像α一样，这是一颗平均光度的白星，亮度5.1等。它是α的近邻，距离地球大约65光年远。

雕具座γ 雕具座γ位于星座的西部边界，是一颗亮度4.6等的橙色巨星。它距离地球约280光年。小型天文望远镜会看出它是一对双星，伴星亮度8.1等。

雕具座R 雕具座R位于雕具座β南边，是一颗变星，类型和鲸鱼座的刍藁增二相似。它是一颗缓慢脉动的红巨星，周期长约400天。它的亮度最亮时能达到6.7等，在双筒望远镜中很容易被发现，但它最暗时亮度只有13.7等左右，超出了小型天文望远镜的观测范围。

天上的河流

波江座起源于参宿七（位于猎户座）近旁，向南一直流向水委一。南半球几乎可见整个星座，而在北半球只能看到一半。

波江座

32° N~90° S完全可见

细长的波江座代表天上的河流，它从猎户座的脚下开始一直向南方的天空延伸。

有趣的目标

波江座α（水委一） 👁 在阿拉伯语中，这颗星名字的意思是"河流的尽头"，它是这个星座中最明亮的星，标志着波江座的最南端。水委一是一颗亮度0.5等的蓝白色巨星，距地球约95光年。

波江座ε 👁 波江座ε在星座的北部，是最接近地球的类太阳恒星之一。它距离地球10.5光年，亮度3.7等。它比太阳稍微暗一点儿，温度也低一些，环绕着它的还有正在形成行星的气体尘埃盘。

波江座O2 🔭 这个三合星系统距地球16光年，是天空中最容易看见白矮星的地方。它的主星是4.4等的红矮星，它的伴星是一颗亮度9.5等的白矮星，伴星本身还有一颗更暗的红矮星伴侣。

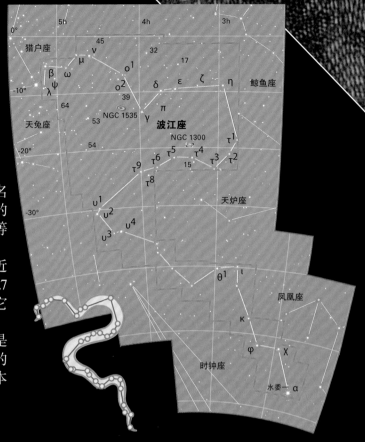

天兔座

62° N~90° S完全可见

天兔座刚好位于猎户座以南，代表着在猎人脚下的一只野兔，它正被大犬座穷追不舍。这个星座在古希腊时期就已经存在，星座中的亮星形成独特的蝴蝶结形状，在相邻的明亮的星座之间相对比较容易找到。

有趣的目标

天兔座α（厕一） 👁 这颗恒星的亮度是2.6等，看起来很一般，它距离地球有1300光年远，实际上却是从地球上可见的发光能力最强的恒星之一。

天兔座γ 🔭 天兔座γ是一对双星，黄色主星的亮度为3.9等，橙色的伴星亮度为6.2等。这两颗恒星距离地球差不多远，大约有30光年。

天兔座R（欣德深红星） 🔭 这个天体是一颗脉动的红巨星，以深红色著称。其光变范围在5.5等到12.0等之间，周期为430天。

NGC 2017 🔭 这组美丽的聚星由8颗五颜六色的恒星组成，其中5颗亮度在6到10等之间，在双筒望远镜中可见。

M79 🔭 这个球状星团距离地球42000光年，亮度7.7等，很可能起源于最近被银河系吞并的一个小型矮星系。

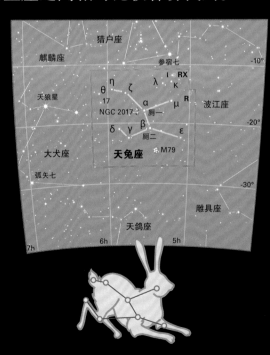

安全港

天上的兔子（天兔座）像躲避猎人的动物一样蹲伏在猎户座脚下。猎户的猎犬——大犬座和小犬座就在附近。

天鸽座

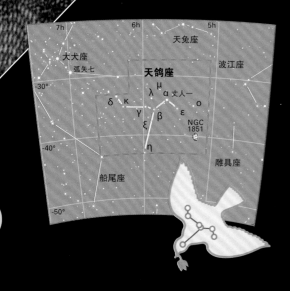

暗淡的天鸽座是由荷兰天文学家彼得勒斯·普朗修斯在1592年列入的。因为普朗修斯还是一位神学家，他可能是让鸽子代表诺亚从方舟上派出的搜寻陆地的鸟。不过，有人将其同另一只鸽子联系了起来，在古典神话中，伊阿宋让它在"阿戈尔"号之前找寻到进入黑海的安全通道。这可能也是普朗修斯的一部分想法，因此他把天鸽座安排得如此靠近船尾座，而船尾座是"阿戈尔"号的一部分。

46° N~90° S完全可见

有趣的目标

天鸽座α（丈人一） 这颗星的西文名字来自阿拉伯语的斑鸠。它距地球170光年，是颗蓝白色的亮度2.6等星。

天鸽座β（子二） 这颗星座中第二亮的星是一颗黄色巨星，距离地球130光年，亮度3.1等。它的阿拉伯语名字的意思是"重量"。

NGC 1851 这个球状星团是天鸽座中最突出的深空天体。距离地球大约39000光年，亮度7.1等。它透过双筒望远镜或小型天文望远镜看起来是一块暗弱的光斑。

罗盘座

这个星座代表一个指南针（与代表绘图员所使用的圆规的圆规座不同），是尼古拉斯·德·拉卡伊在18世纪50年代添加到天空中的科技星座之一。在古代，它的星可能属于巨大的南船座。

52° N~90° S完全可见

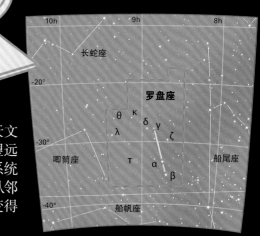

有趣的目标

罗盘座α 它是星座中最亮的星，位于一排三连星的中间，是一颗蓝白色超巨星。它的发光能力是太阳的18000倍，但它的亮度只有3.7等，因为它到地球的距离超过1000光年。

罗盘座β 和α相比，罗盘座β是一颗亮度4.0等的黄色巨星，距离地球320光年。

罗盘座T 大多数时候，这颗变星的亮度超出小型天文望远镜的可见范围，但是偶尔它会戏剧性地增亮到双筒望远镜可以轻易看到的程度，又刚好在肉眼可见范围之外。该系统是一个不可预测的再发新星，双星系统中的白矮星不断从邻近较大的恒星吸引物质到表面，当白矮星大气中的气体变得足够炽热、致密时，就会突然发生巨大的爆炸。

船尾座

南船座曾经是天空中最大的星座，后来分成了三个星座，船尾座是其中的一个。船尾座代表船的尾部，是最大的一部分。每一部分的亮星保留了其原来的希腊字母编号，船尾座恒星的编号现在是从ζ开始的。

39° N~90° S完全可见

有趣的目标

船尾座ζ（弧矢增二十二） 南船座的拆分使得这颗蓝色巨星成为船尾座中最亮的星。它也是已知最热的恒星之一，其表面温度是太阳的6倍。它距离地球大约14000光年，这段巨大的距离造成船尾座ζ的亮度只有2.2等。

船尾座L 这对视双星由一颗距离地球150光年的蓝白色恒星（L^1）和一颗再远40光年的红色巨星（L^2）组成。L^1的亮度稳定在4.9等，但L^2是一颗脉动变星，亮度在2.6等到6.2等之间变化，周期为140天。用双筒望远镜可以轻松地将它们进行比较。

M47 这个肉眼可见的天体是双筒望远镜中的一道壮丽的风景。它比邻近的星团M46稍亮一些，距离地球1600光年，在船尾座几个疏散星团中让人印象最深。

船帆座

32° N~90° S完全可见

这个大星座代表的是"阿尔戈"号的船帆，它曾经与船尾座、船底座一起组成一个巨大的星座。它位于银河的密集区域，星座中有许多有趣的天体。

有趣的目标

船帆座γ（天社一） 它是船帆座最亮的星，是一组聚星，包含已知的最明亮的沃尔夫-拉叶星，这是一类大质量、超热的恒星，强烈的恒星风吹走了它自己的外层，暴露出超热的内核。这个系统的总体亮度为1.8等。

IC 2391 这个美丽的星团也被称为南昴星团。距离地球只有400光年，它有30颗左右肉眼可见的星，在双筒望远镜中看起来非常壮观。

船帆座超新星遗迹 在一颗大质量恒星的生命结束时，它会爆发成一颗超新星，其外层会粉碎并喷发出来。在船帆座γ和λ之间的船帆座超新星遗迹（SNR），就是11000年前发生的这样一次爆发的结果。它的气体束弥漫而暗弱，通过大型天文望远镜或在长时间曝光拍摄的照片上才能看出来。

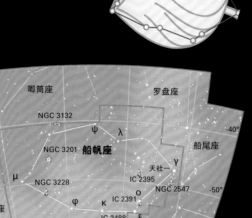

扬帆航行
船帆座代表着"阿尔戈"号的主帆，寻找金羊毛的伊阿宋和阿尔戈乘船在南方天空中航行着。

船底座

平稳航行
船底座代表了阿尔戈英雄所乘"阿尔戈"号的龙骨和船体。船底座最亮的老人星代表船桨的桨叶。

14° N~90° S完全可见

船底座代表着"阿尔戈"号的龙骨，处于南天的银河之中。这个星座包含了许多明亮的星和有趣的天体。作为南船座最南端的一段，它在南半球的大部分地区是拱极星（永不落下）。

有趣的目标

船底座α（老人星） 老人星是全天第二亮星，亮度-0.6等。和天狼星的明亮纯粹是因为它离地球很近不同，老人星是真正的发光能力强的星，它是一颗距离地球310光年的黄白色超巨星。

船底星云（NGC 3372） 这个广阔的发射星云是距地球8000光年以外的恒星形成区，大小有满月的4倍，肉眼看起来就像银河中的一块亮斑，星云最密集明亮的部分在船底座η周围。

船底座η 它位于NGC 3372的中心，通常的亮度是6.7等，这颗红超巨星正在迅速接近生命的终点，容易发生猛烈爆发，使其亮度达到肉眼可见的程度。19世纪曾有一次这样的暂时爆发使它成为天空中第二亮的恒星。这颗恒星随时都可能发生超新星爆发而毁灭自己。

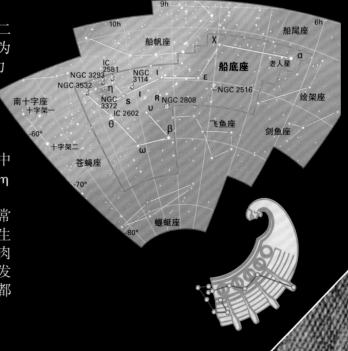

星座

星图

南十字座

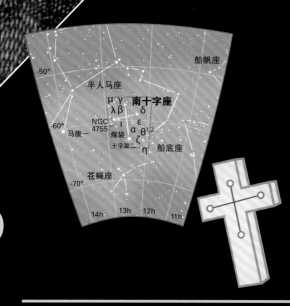

25° N~90° S完全可见

它是天空中最小的星座也是最容易识别的星座之一，这得益于它的4颗亮星。16世纪早期的探险家第一次把它作为一个单独的星座列入。南十字座是一个有用的指向南天极的指示器，把α和γ之间的连线延长其长度的5倍，就能找到南天极。

有趣的目标

南十字座α（十字架二） 它是十字架的南端，亮度0.8等。十字架二是蓝白的双星，透过天文望远镜可区分为两颗亮度大致相同的恒星。

南十字座β（十字架三） 这颗亮度快速变化的蓝白色变星的光变幅度小于0.05等，周期为6小时，平均亮度1.3等。它距地球仅有350光年。

NGC 4755 这个灿烂的星团也被称为珠宝盒

星团，肉眼看来是一个模糊的4.0等星。事实上，它是7600光年之外的一簇星团。双筒望远镜可以揭示出其包含几十颗蓝白的星，与此形成对比的是其中心附近有一颗红超巨星。

煤袋 这个暗星云距离地球只有400光年，非常引人注目，因为它挡住了背后银河中密集星群的光线。

苍蝇座

14° N~90° S完全可见

苍蝇座是根据荷兰航海家皮特·德克·凯泽和弗雷德里克·德·豪特曼的观测结果创立的，是16世纪创立的几个星座中最有特色的。星座中的星相对较亮，沿着南十字座的长轴向南天极方向延伸很容易找到它。

有趣的目标

苍蝇座α 这颗亮度2.7等的亮星是蓝白色巨星，距离地球305光年。

苍蝇座β 用肉眼看，苍蝇座β与α几乎完全相同，然而，一架小型天文望远镜将揭示它实际上是一对双星，包含着两颗蓝色恒星，亮度分别为3.0等和3.7等，在383年的周期内相互绕转。这个系统离地球大约有310光年远。

苍蝇座θ 这个双星系统包括一颗亮度5.7等的蓝超巨星和围绕它的亮度7.3等伴星，这颗暗淡的伴星在双筒望远镜中可见，它是一颗罕见的沃尔夫–拉叶星，一颗如此炽热的白色恒星，它的外层正在发生爆破并被喷射到太空中，同时加速老化。

NGC 4833 这个球状星团距离地球18000光年，亮度6.5等，在双筒望远镜中很容易看到。

圆规座

19° N~90° S完全可见

这个暗弱的三角形星座据说是测量员使用的一副圆规（与代表指南针的罗盘座不同），它是法国天文学家尼古拉斯·德·拉卡伊于18世纪在天空中增加的另一个星座。由于它就在半人马座最亮的恒星附近，所以很容易找到。

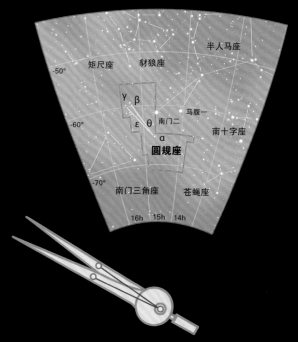

有趣的目标

圆规座α 这颗亮度3.2等的白色恒星有一颗8.6等的暗弱伴星，可以通过小型天文望远镜看到。这个双星系统距离地球有65光年。

圆规座γ 对这对双星只能用中型天文望远镜区分开。它由蓝色和黄色的恒星组成，星等分别为5.1等和5.5等，与地球相距500光年。

圆规座θ 这是一颗不规则变

量，也是一对双星：它的各个部分离得太近，在视觉上很难区分开，但我们知道这个系统还很年轻，因为其中一颗恒星仍在不可预测地波动，导致θ的亮度在5.0到5.4等之间变化。

圆规座星系 尽管距离地球仅1300万光年，这个活跃的星系最近才被发现，它位于马腹一下方，被银河系所遮挡。

矩尺座

29° N~90° S完全可见

这个暗淡的三角形星座夹在天蝎座和豺狼座的亮星之间，是法国天文学家尼古拉斯·德·拉卡伊在18世纪50年代列入的，它像一把测量用的水平尺或三角板。它原本也被叫作直尺或角尺。

有趣的目标

矩尺座γ 在这对双星的两颗子星中，γ2是一颗亮度4.0等的巨星，距离地球约125光年，而γ1是一颗更遥远的超巨星，距离地球1500光年，但亮度仍然达到5.0等。两颗星都是黄色的，它们的差别显示出看起来相似的恒星的真实亮度会有多大的不同。

矩尺座ι 这颗恒星距离地球220光年，通过小型天文望远镜可以看出这是一对双星，亮度4.6等的主星被一颗亮度8.1等的暗伴星围绕。用更大的天文望远镜可以将主星再次区分成两颗星，它们相互绕转的周期是27年。这个系统其实是一个三合星系统。

NGC 6087 这个疏散星团大约有40颗恒星，距离地球3000光年，人们可以用肉眼看到。其中的大部分星星是炽热年轻的蓝白色恒星，其核心处有一颗黄色的超巨星——矩尺座S。

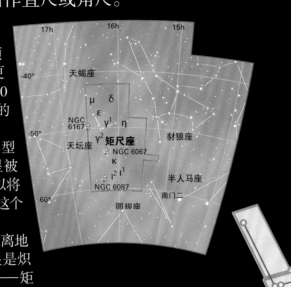

直尺

矩尺座是一个很不起眼的南方星座。它最显著的特点是三颗暗星组成的一个直角形状，它位于银河中的恒星密集区域，有点难以辨认。

南三角座

19° N~90° S完全可见

这个有独特图案的星座很容易被找到，但它的创建有好几种说法。第一次记录出现在1603年由约翰·拜尔编制的《测天图》中，但它可能是由荷兰航海家皮特·德克·凯泽和弗雷德里克·德·毫特曼在16世纪90年代创立的，或是由荷兰天文学家彼得鲁斯·特奥多鲁斯在早几十年前发明的，阿拉伯天文学家也可能独立命名了它。

有趣的目标

南三角座α 它是星座中最亮的星，位于三角形的东南角，是一颗亮度1.9等的橙色巨星，距离地球100光年。

南三角座β 这颗白色恒星距地球约42光年，亮度2.9等。

南三角座γ 虽然它和β的亮度一样（2.9等），但南三角座γ在距地球70光年以外，所以它发光能力更强。由于较强的发光能力，它的表面更热，颜色是蓝白色。

NGC 6025 虽然亮度在肉眼可见的5.4等，但这个疏散星团最好还是用双筒望远镜来观测。

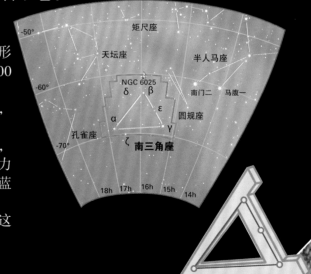

南三角

南三角座是一个很容易识别的、由三颗星组成的三角形，它位于银河之中，附近有明亮的半人马座α和β。

香炉
天坛座是天上的祭坛，顶部朝向南方。银河就像祭坛上燃烧着的熏香散发出的烟雾。

天坛座

22° N~90° S完全可见

虽然位于遥远的南方，但天坛座起源于古希腊时期，它被看作是众神宣誓的祭坛。它的形象是模糊的，但很容易在天蝎座以南找到，银河的密集星区穿过这里。

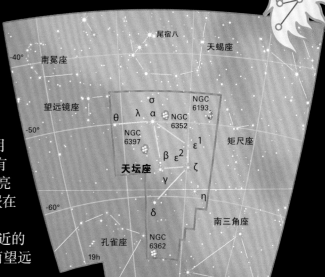

有趣的目标

天坛座α ◉ 这颗亮度3.0等的蓝白色恒星距离地球大约有460光年。

天坛座γ ◉ 这是银河系中发光能力极强的恒星之一，比太阳强32000倍。然而由于距离地球1100光年，在地球的天空中看起来亮度只有3.3等。

NGC 6193 ◉ 这是一个明亮的疏散星团，用肉眼很容易发现，大约有半个满月大小。它的中心有一颗蓝白色的巨星，刚好达到肉眼可见的程度（亮度5.7等）。这个星团距离地球有4000光年，仍然镶嵌在它诞生的残余气体中。

NGC 6397 🔭 NGC 6397是离地球相对比较近的一个球状星团，距离只有7200光年，很容易用双筒望远镜看到。

南冕座

44° N~90° S完全可见

虽然这个天上的皇冠图案不像北天所对应的北冕座那么规整，但南冕座还是很容易辨认的，它就在人马座中央"茶壶"的下方，位于星座与银河的恒星密集区交界处。

有趣的目标

南冕座α ◉ 这颗亮度4.1等的白色恒星距离地球140光年。

南冕座β ◉ 这颗黄色巨星的亮度是4.1等，在地球的天空中看起来和南冕座α一样亮。然而实际上它到地球的距离是510光年，比α远很多。这意味着它实际上发出的光比α强13倍。它的半径为水星轨道半径的一半，是太阳光强度的730倍。

南冕座γ 🔭 这个双星系统中的两颗星都足够亮，可以用肉眼看到（星等分别为4.8等和5.1等）。然而，仍然需要一架小型天文望远镜才能区分开它们。

NGC 6541 🔭 它接近肉眼可见的程度，这个球状星团距地球22000光年。

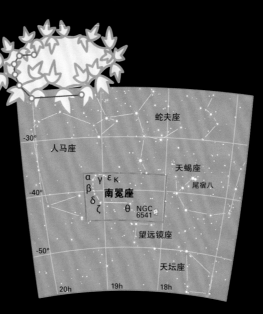

南天的星弧
南冕座位于人马座的脚下，它是代表王冠或桂冠的迷人的星弧。

望远镜座

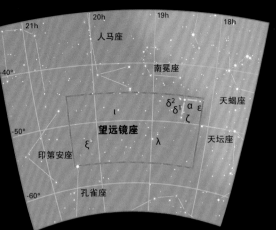

33° N~90° S完全可见

这是一个辨识度最低的星座，望远镜座似乎仅仅是任意在天空中画出的一个区域。它是法国天文学家尼古拉斯·德·拉卡伊在18世纪50年代在他的南非观测之旅期间创建的。星座还有一个有趣的历史，当拉卡伊编制星座图案时，他从附近的几个星座"偷"来一些星，包括人马座、天蝎座、蛇夫座和南冕座。当1929年天文学家规范星座时，这些星又都物归原主，望远镜座成为现在的状态。

有趣的目标

望远镜座α 👁 这颗蓝白色的恒星距地球约450光年，亮度3.5等。

望远镜座δ 🔭 通过双筒望远镜将看出这颗星是视双星，由两颗不相关的蓝白色恒星组成，距离地球分别是650光年和1300光年。它们的亮度大致相同，约为5.0等左右。视力好的人甚至肉眼就可以将它们区分开。

印第安座

15° N~90° S完全可见

这个星座代表一个来自美洲或亚洲的原住民，是16世纪90年代荷兰航海家弗雷德里克·德·豪特曼和皮特·德克·凯泽在南半球长期航行期间创立的。他们是应在北方天空中增加了几个新星座的荷兰天文学家彼得勒斯·普朗修斯的请求，对南方星空做了首次记录。

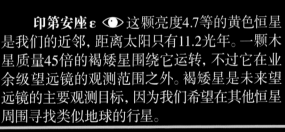

有趣的目标

印第安座α 👁 这颗橙色巨星距地球125光年，亮度3.1等。

印第安座β 👁 它是一颗发光能力比印第安座α稍弱一些的橙色巨星，这颗恒星比α距离地球近15光年，但在地球天空中的亮度只有3.7等。

印第安座ε 👁 这颗亮度4.7等的黄色恒星是我们的近邻，距离太阳只有11.2光年。一颗木星质量45倍的褐矮星围绕它运转，不过它在业余级望远镜的观测范围之外。褐矮星是未来望远镜的主要观测目标，因为我们希望在其他恒星周围寻找类似地球的行星。

天鹤座

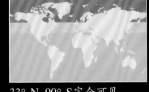

33° N~90° S完全可见

天鹤座是几个鸟形星座中的一个，是16世纪90年代荷兰探险家皮特·德克·凯泽和弗雷德里克·德·豪特曼增添到南方天空中的，后来在1603年由约翰·拜耳永久列入他的星图——《测天图》中。组成天鹤脖子的一串星在杜鹃座的小麦哲伦云和南鱼座的北落师门之间。≠ ≠

有趣的目标

天鹤座α（鹤一） 👁 这颗蓝白色的恒星阿拉伯名字的意思是"光明"，它距离地球65光年，亮度1.7等。

天鹤座β 👁 天鹤座β是一颗红巨星，距地球170光年。它是一颗变星，随着膨胀和收缩，亮度不规则地在2.0等到2.3等之间变化。

天鹤座δ 👁 用肉眼观测的人通常可以看出这是一对双星，但实际上这只是视觉效应。这两颗星是一黄一红的巨星，亮度分别为4.0等和4.1等，距离地球分别是150光年和420光年。它与天鹤座μ组合在一起看起来就像天鹤伸出来的脖子。

凤凰下落
　　凤凰座的星在早晨的天空中向西方地平线落下，它下面是天鹤座。照片的右边是北方。

凤凰座

32° N~90° S完全可见

　　凤凰座是一个模糊的群体，代表着神秘的可以从自己的灰烬中重生的火鸟，因为它在明亮的水委一附近，所以很容易找到。阿拉伯天文学家把它的形象以停泊在波江座上的船来命名。

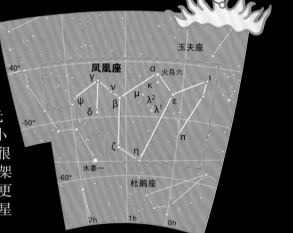

有趣的目标

　　凤凰座α（火鸟六） 👁 这颗黄色巨星亮度为2.4等，距离地球88光年。

　　凤凰座β 🔭 肉眼看这是一颗亮度3.3等的黄色星，在中型天文望远镜中看起来它实际上是双星，两颗黄色子星亮度都是4.0等，距离地球130光年。

　　凤凰座ζ 🔭 这颗有趣的四合星距离地球280光年，它最亮的子星在大部分时间里亮度是3.9等，每40小时短暂下降到4.4等。因为它是一个食双星系统，两颗很接近的恒星相互绕转，交替在对方前面经过。透过一架小型天文望远镜将看出第三颗星，亮度6.9等，而透过更大的仪器还会看到系统的第四个成员，它更暗，离主星也更近。

杜鹃座

14° N~90° S完全可见

　　和大多数的鸟类星座一样，杜鹃座是由荷兰航海家皮特·德克·凯泽和弗雷德里克·德·豪特曼创立的，是波江座明亮的水委一西边的一群模糊的暗星。然而，它包含了两个任何业余天文学家都感兴趣的出色天体。

有趣的目标

　　小麦哲伦云 👁 小麦哲伦云是银河系两大伴星系中较小的一个，由葡萄牙探险家斐迪南·麦哲伦在1520年前后首次记录下来。它距地球210000光年，每15亿年绕银河系运行一圈。小麦哲伦云用肉眼很容易看见，看起来像银河本身分离出来的一个区域，但透过双筒望远镜会显示出大量的恒星、尘埃和正在形成恒星的星云。

　　杜鹃座47 👁 它在天空中小麦哲伦云的旁边，实际上是银河系内的一个前景天体。这个美丽的球状星团被归类为一颗恒星，但实际上它是包含了数百万颗恒星的球体，直径大约120光年，距离地球有13400光年，用肉眼很容易看到，看到的是一颗模糊的星星。透过小型天文望远镜可以在星团边缘看出单个恒星。

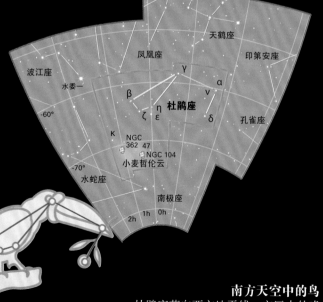

南方天空中的鸟
　　杜鹃座落向西方地平线，它巨大的喙指向下方。右侧这幅图的右边是北方。

水蛇座

它的名字和最长的星座长蛇座相类似，紧凑的水蛇座隐藏在遥远的南方天空。星座中的星是中等亮度，组成的图案不是很明晰，但很容易找到，因为代表蛇头的α靠近明亮的水委一。

8° N~90° S完全可见

有趣的目标

水蛇座α 👁 这颗亮度2.9等的白色恒星距地球78光年，是星座中最亮的成员。

水蛇座β 👁 这颗像太阳一样的黄色恒星在蛇尾巴上，距离地球仅21光年，亮度2.8等。

水蛇座π 🔭 这对分得很开的双星是两颗不相关的红色巨星，用双筒望远镜可以轻易的区分开。π¹距离地球是740光年，而π²靠地球更近，距离是470光年。

水蛇座VW 🔭 水蛇座VW是一颗有趣的恒星，它在水蛇座γ附近，用一架小型或中型天文望远镜很容易跟踪它亮度的变化。这颗恒星实际上是一个再发新星系统，它是包含一颗白矮星的双星系统，白矮星从伴星中撕扯物质，偶尔会在其表面点燃一场风暴。水蛇座VW大约每月爆发一次，亮度在短短几小时内从13等增加到8等，然后在几天内逐渐降低。

时钟座

这个暗弱的星座是尼古拉斯·德·拉卡伊创立的，像拉卡伊的许多其他星座一样，时钟座简直是任意组合的一群昏暗零散的星。拉卡伊把它设计成一个时钟，通常被画成悬挂在α上的钟摆在λ和β间来回摆动。

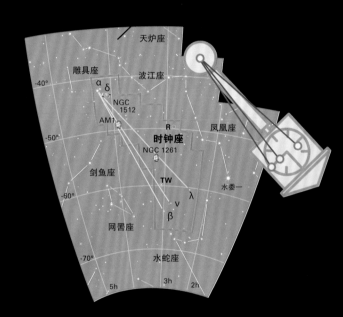

23° N~90° S完全可见

有趣的目标

时钟座α 👁 它是星座中最亮的星，是亮度3.9等的黄色巨星，距离地球180光年。

NGC 1261 🔭 这个球状星团距离地球44000光年，是这类星团中距离较远的一个。这颗由巨大恒星组成的球在地球上看到的总亮度是8.0等，是双筒望远镜观测的好目标。

NGC 1512 🔭 这个棒旋星系距离地球大约有3000万光年，直径接近70000光年，大约是银河系宽度的3/4。它明亮的中心亮度有10等，用一架小型天文望远镜就可以看到。而详细的观测表明其中心被一个巨大的新生星团环包围着，这个恒星结构区域的直径大约有2400光年。

网罟（gǔ）座

网罟座这个昏暗但清晰的钻石形状的星群是由法国天文学家尼古拉斯·德·拉卡伊创建的，它位于灿烂的老人星南边一点点。它的拉丁语名字的意思是"网"，但其实应该表示的是十字线，是望远镜和其他一些科学仪器中目镜里的一套十字准线。

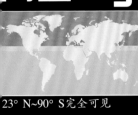

23° N~90° S完全可见

有趣的目标

网罟座α 👁 它是星座中最亮的星，亮度3.4等的网罟座α是一颗黄色巨星，距离地球135光年。

网罟座β 👁 网罟座β是一颗橙色巨星，距离地球78光年，亮度约为3.9等。

网罟座ζ 🔭 这是一对用双筒望远镜很容易区分开的双星，由两颗黄色星ζ¹和ζ²组成，亮度分别为5.2等和5.9等，距离地球39光年。这个系统的化学组成表明：这对分得非常开的双星可能有长达80亿年的历史，比太阳还要古老得多。天文学家们渴望寻找到可能存在的围绕它们运转的行星。

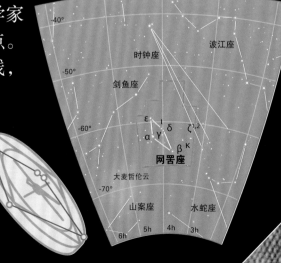

绘架座

26° N~90° S完全可见

绘架座位于天空中第二亮星老人星的西边，是拉卡伊于18世纪创建的一个星座，是他的创造中的典型代表——仅是一群昏暗的星，与所表现的物体没有明显的相似性。不过，绘架座由于存在两颗很有趣的恒星而免受责难。在这里它应该代表的是一个艺术家的画架。

分界线
绘架座是在船底座老人星（在上图中的左边）和大麦哲伦云之间的一条星星组成的曲线。

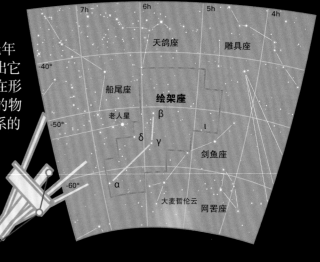

有趣的目标

绘架座β 👁 乍一看这颗亮度3.9等、距离地球63光年的白色恒星引不起人们的兴趣，不过红外（热）辐射揭示出它的一个有趣的秘密——恒星周围环绕着一个宽阔的、正在形成行星的气体和尘埃圆盘。最近的研究表明，接近恒星的物体（很可能是新生的行星）扭曲了圆盘的形状。我们太阳系的行星被认为是从其形成后存在不久的类似圆盘中诞生的。

绘架座δ 👁 这是一对食双星，一对距离非常近的恒星，即使是最大的天文望远镜也难以把它们区分开。它们每隔40小时在对方前面经过一次，造成亮度周期性地下降（从4.7等到4.9等）。它们距离地球有2400光年。

剑鱼座

20° N~90° S完全可见

这个星座是荷兰航海家皮特·德克·凯泽和弗雷德里克·德·豪特曼创立于16世纪90年代，它很靠近老人星。剑鱼座中的星形成了一个暗弱的星链，最亮的星亮度3.3等。它有一个远比星座中的星更让人印象深刻的天体。

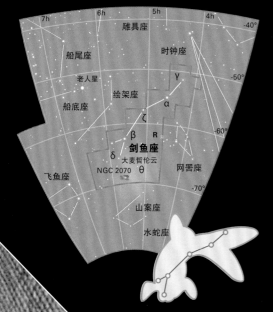

有趣的目标

大麦哲伦云（LMC） 👁 大麦哲伦云是以葡萄牙探险家斐迪南·麦哲伦的名字来命名的，麦哲伦在16世纪20年代早期记录了它，但它自史前时期以来就一直被南半球的人们所认知。在10世纪，阿拉伯天文学家把它命名为"白牛"。它是银河系的一个不规则的伴星系，距离地球大约150000光年，肉眼很容易看到，一架小型天文望远镜能很好地观察到它众多的恒星和星云。

蜘蛛星云（NGC 2070） 👁 壮观的蜘蛛星云是大麦哲伦云中肉眼可见的，就像一颗模糊的恒星，因而它还有一个恒星的名称：剑鱼座30。但实际上，在800光年的范围内，它是已知最大的恒星形成区之一，内部的一个被称为R136的、由炽热蓝白色超巨星组成的星团把它照亮。

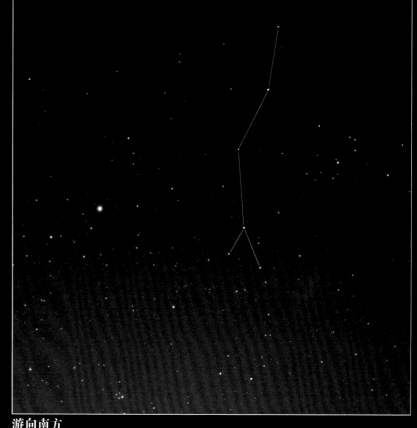

游向南方
剑鱼座游过南方天空，看起来似乎是向南天极游动。虽然又被称为金鱼，事实上星座代表的是在热带水域发现的鬼头刀鱼，不是一般鱼缸和池塘里的鱼。

飞鱼座

飞行的鱼
飞鱼座跳跃在傍晚东方地平线上的天空中。下面是银河和船底座、船帆座的群星，上图的左边是南天赝十字。

14° N~90° S完全可见

16世纪荷兰探险家皮特·德克·凯泽和弗雷德里克·德·豪特曼把许多他们发现的星座以鸟类来命名，但飞鱼座是个例外，这是从印度洋中奇怪的飞鱼得到的灵感。这个星座的星相当暗弱，组成的形状也很模糊，但因为位于船底座明亮的恒星和南天极之间，它很容易被找到。

有趣的目标

飞鱼座γ 它是星座中最亮的恒星，由于历史原因把拜尔星名标错了。这是一个很容易通过小型天文望远镜区分开的双星，亮度3.8等的金色恒星旁有一颗亮度5.7等的黄白色伴星。两颗星距离地球都是200光年。

飞鱼座ε 这是另一对有趣的双星，但是它不像飞鱼座γ那样鲜艳。蓝白色主星到地球的距离为550光年，亮度为4.4等。亮度8.1等的伴星只有通过小型天文望远镜才能看到。

NGC 2442 观测这个距地球5000万光年、正面朝向我们的棒旋星系需要一架较大的天文望远镜。然而，这是一个美丽的景象，从一个明亮的中心棒向外延伸出来的旋臂形成了一个漂亮的S形。

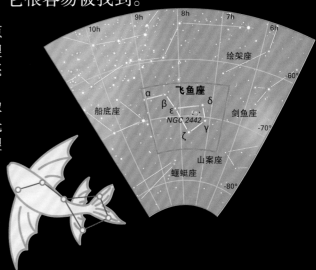

山案座

5° N~90° S完全可见

18世纪50年代早期，法国天文学家尼古拉斯·德·拉卡伊在开普敦观测南方的天空，为了纪念独特的可以俯瞰城市的桌案山而命名了这个星座。山案座是天空中最暗的星座，区域内没有亮于5等的星。然而找到这个星座相当简单，因为它位于南天极和剑鱼座的大麦哲伦云之间。实际上，大麦哲伦云的南部已经进入山案座的边界。

有趣的目标

山案座α 它是这个星座最亮的恒星，亮度只有5.1等。它是一颗普通的黄色类太阳恒星，距离地球近30光年。

山案座β 山案座β略暗于α，亮度5.3等。它的颜色也是黄色的，但和α的类型完全不同。天文学家测量它距离地球300光年，这意味着它是一颗黄色的超巨星，比α的发光能力强100倍。

桌面
右侧照片中遥远南方的山案座出现在黎明天空中粉红色的云彩之上。主要关注点是从山案座延伸到邻近的剑鱼座的大麦哲伦云。

星
图

蝘蜓座

7° N~90° S完全可见

这个扭曲的钻石形状的星群代表一只变色龙，但看起来与蜥蜴几乎没有什么相似之处。蝘蜓座最早出现在约翰·拜耳1603年的《测天图》中。另一个可能的创立者是荷兰航海家皮特·德克·凯泽和弗雷德里克·德·豪特曼。在南半球每一个有人居住的地方，它始终保持在地平线之上，但星座内没什么有趣的天体。

有趣的目标

蝘蜓座α 这颗亮度4.1等的蓝白色恒星距离地球有65光年。

蝘蜓座δ 蝘蜓座δ是一对视双星，很容易用双筒望远镜区分开。δ^{1}在两颗星中距离地球较近，是亮度5.5等的橙色巨星，距离地球360光年。δ^{2}更亮更遥远，亮度4.4等，距离地球780光年。

NGC 3195 这个环形的行星状星云是一个像太阳一样大小的恒星死亡时将其外壳抛射到太空中形成的。它的亮度为10等，与木星的视大小相似，相对比较暗，需要一架中型天文望远镜才能看到。它是天空中所有行星状星云中最靠南的一个，对所有北方观测者来说是完全看不见的。

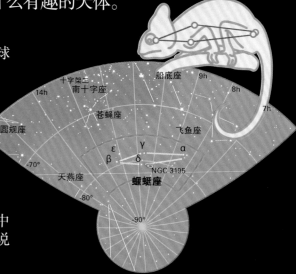

伪装的高手
　　蝘蜓座靠近南天极，南天极在上方这幅画中的左侧。在这个星座的北边可以看到船底座中丰富的银河群星。

天燕座

7° N~90° S完全可见

16世纪90年代皮特·德克·凯泽和弗雷德里克·德·豪特曼以他们在新几内亚岛探险中看到的艳丽的天堂鸟命名了这个星座。星座靠近南天极，在南半球几乎所有的地方永久可见。尽管它有着异国情调的名字，但非常令人失望，星座中只有一些暗星组成非常模糊的形状。

有趣的目标

天燕座α 它是星座中最亮的星，亮度只有3.8等，这颗橙色巨星距离地球约230光年。

天燕座δ 天燕座中最令人关注的是这对双星，这两颗相互绕转的恒星都是橙色巨星，亮度分别为4.7等和5.3等，距地球约310光年。用双筒望远镜可以很容易地把它们区分开，有时一双视力敏锐的肉眼也可以做到。

天燕座θ 天燕座θ是一颗变星，用双筒望远镜就可以很容易地跟踪它亮度的改变，在 100天的周期内亮度在6.4等到8.0等之间变化。

异珍奇的鸟
天燕座在独特的南三角座的南部，它代表一只天堂鸟。但对这样一种珍奇的鸟来说这个星座令人失望。

孔雀座

5° N~90° S完全可见

这是另一个以鸟命名的星座，是荷兰航海家弗雷德里克·德·豪特曼和皮特·德克·凯泽于16世纪90年代添加到天空中的。孔雀座位于一个非常平淡的天区，但比较容易找到，因为它有代表孔雀身体的亮星孔雀座α。

有趣的目标

孔雀座α（孔雀十一） 👁 孔雀座α在孔雀座的东北角，是一颗蓝白色的巨星，亮度1.9等。毫无疑问它是真正明亮的星，因为它距地球有360光年远。

孔雀座κ 👁 它是一颗黄色的超巨星，距离地球550光年，是天空中最亮的造父变星之一。它膨胀和收缩的周期是9.1天，亮度随之在3.9等到4.8等之间变化，肉眼就可以跟踪它亮度的变化。

NGC 6752 👁 这个球状星团距离地球14000光年，亮度5等，肉眼可见。

NGC 6744 🔭 这个棒旋星系正面朝向地球，距离地球3000万光年。

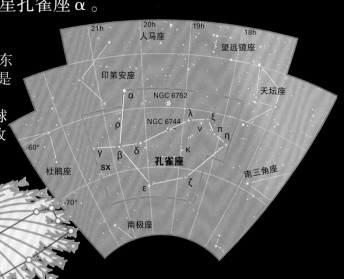

在天空中展示

孔雀座代表一只在南方天空中展开尾屏的孔雀，模仿现实生活中雄孔雀在吸引异性时的样子。

南极座

0°~90° S完全可见

北天极有小熊座中的亮星为标志，而南天极所在的南极座没有亮星，且形象模糊。它是由尼古拉斯·德·拉卡伊于18世纪在南非观测时创立的，表现的是一个八分仪，后来又改为六分仪的形象。

有趣的目标

南极座β 👁 这个昏暗星座中较亮的星是一颗白色恒星，距离地球有110光年。它的亮度为4.1等，只比亮度3.8等的南极座ν稍暗。

南极座γ 👁 这是一个由三颗恒星组成的星链，通常用肉眼就能区分开，它的成员和地球的距离都不同。γ¹和γ³都是黄色巨星，距离地球分别是270光年和240光年，亮度是5.1等和5.3等。它们之间的橙色巨星γ²亮度为5.7等，距离地球310光年。

南极座σ 👁 南天的"南极星"是一颗暗淡的白色恒星，距离地球大约300光年。它唯一值得注意的特点是距南天极不到1度，这使得它成为南天的一个固定参考点。

在南天极

南极座仅有几颗散乱的暗星，没有亮星可以标识出位于左图中间靠左的南天极。

每月星空指南

有些星座总是出现天空中，而其他星座在一年中会依次出现和消失。本节中将介绍每个月可以看到的夜空以及重点天象。每月特殊天象表列出了每年都会不同的重大天象，而肉眼可见的行星的位置则标定在星图上。

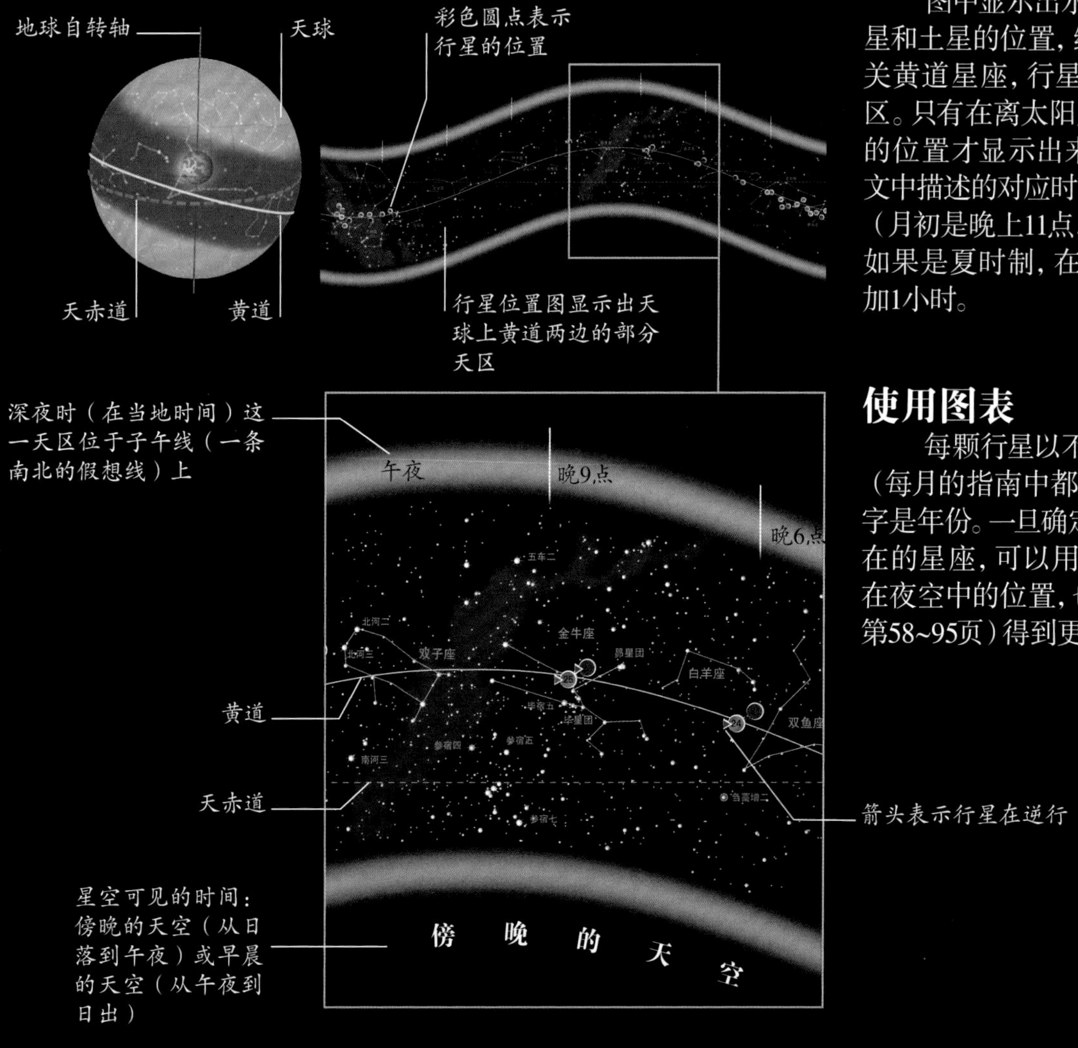

行星位置图

图中显示出水星、金星、火星、木星和土星的位置，给出了行星所在的相关黄道星座，行星总是出现在黄道天区。只有在离太阳足够远的时候，行星的位置才显示出来。图中显示的和附文中描述的对应时间是月中的晚上10点（月初是晚上11点，月末是晚上9点）。如果是夏时制，在这些时间上还要再加1小时。

使用图表

每颗行星以不同颜色的圆点表示（每月的指南中都相同），圆点内的数字是年份。一旦确定了你要找的行星所在的星座，可以用活动星图来确定它在夜空中的位置，也可以用星座图（见第58~95页）得到更详细的信息。

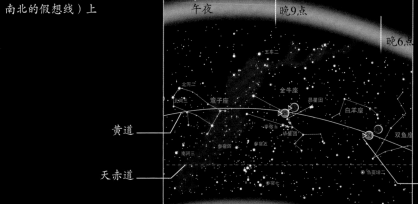

地球自转轴 —— 天球

彩色圆点表示行星的位置

天赤道 —— 黄道

行星位置图显示出天球上黄道两边的部分天区

深夜时（在当地时间）这一天区位于子午线（一条南北的假想线）上

午夜 —— 晚9点

晚6点

黄道

五车二

北河二

双子座

金牛座

昴星团

白羊座

天赤道

参宿四

双鱼座

箭头表示行星在逆行

星空可见的时间：傍晚的天空（从日落到午夜）或早晨的天空（从午夜到日出）

傍 晚 的 天 空

不断变化的夜空景象

夜空中总有新东西可看。随着地球不停地旋转，夜晚开始后星星登上了中央舞台。在黑夜结束之前，星星不断地从东方升起，西方落下。

每月星空指南

1月

本月占主导地位的是引人注目的猎户座。猎人手举大棒和狮子皮的形象很容易在天上找到，他的佩剑是著名的猎户座星云。紧随着他的两只猎犬分别是大犬座和小犬座。大犬座中的天狼星是地球夜空中最亮的恒星。

特殊天象

月相

	满月	新月
2019年	1月21日	1月6日
2020年	1月10日	1月24日
2021年	1月28日	1月13日
2022年	1月17日	1月2日
2023年	1月6日	1月21日
2024年	1月25日	1月11日
2025年	1月13日	1月29日

日月食

2019年1月6日日偏食。亚洲东北部和北太平洋地区可见。

2019年1月21日月全食。太平洋中部、南北美洲、欧洲和非洲可见。

行星

2019年1月6日
金星西大距，亮度-4.4等。

2019年1月22日
金星和木星黎明前出现在东南天空，相距五个月球的宽度。

2021年1月24日
水星东大距，亮度-0.3等。

2022：1月7日
水星东大距，亮度-0.3等。

2023年1月22日
金星和土星黄昏时出现在西方低空，相距不到一个月球的宽度。

2023年1月30日
水星西大距，亮度0.1等。

2024年1月12日
水星西大距，亮度0.0等。

2025年1月10日
金星东大距，亮度-4.4等。

2025年1月16日
火星冲日，亮度-1.4等。午夜时分在北半球出现在南方天空，在南半球出现在北方天空。

2025年1月30日
金星和土星傍晚时出现在西方天空，相距五个月球的宽度。

冲和大距的原理见第26页。

■ 北半球

猎户座傲然挺立在南方地平线上，身后跟随着他的猎狗，可以通过亮星来找到它们——明亮的天狼星位于大犬座，全天第八亮星南河三在小犬座。猎户座的两边是双子座和金牛座。双子座有两颗亮星北河二和北河三。金牛座的头靠近猎户座手中的狮子毛。肉眼很容易看见的毕星团代表金牛的脸，亮星毕宿五标志着牛的眼睛。毕宿五是一颗红巨星，肉眼可以明显看出它的颜色。正头顶上，在银河中的是御夫座，可以通过亮星五车二找到。顺着银河就可以找到仙后座，星座中的星在天上组成一个很容易辨认的"W"或"M"形，这取决于它们在北天极的上方还是下方。

仙后座和其他拱极星座在北方的地平线上。仙后座在北极星的左边，两只熊——小熊和大熊座在北极星的右边。

象限仪流星雨出现在一月的第一周，最好的观测时间在后半夜。流星大都比较暗，辐射点在牧夫座，靠近和牧夫座相邻的大熊座的尾巴。1月3日至4日流星雨会有一个短暂的峰值，每小时会出现大约100颗流星。

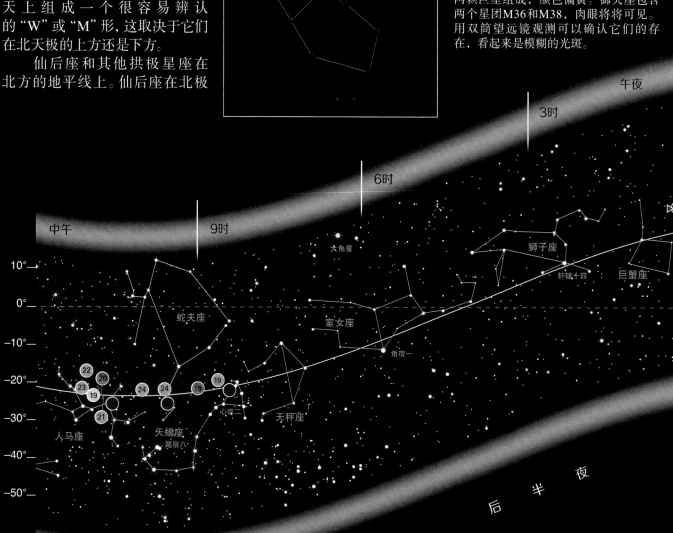

五车二和御夫座

明亮的五车二（左图中上部中间）可以标识出御夫座的位置。它实际上由两颗巨星组成，颜色偏黄。御夫座包含两个星团M36和M38，肉眼将将可见。用双筒望远镜观测可以确认它们的存在，看起来是模糊的光斑。

天狼星和M41

　　天狼星（图中上部中间）是所有恒星中最亮的。它的亮度（-1.4等）在某种程度上可以用相对距离较近来解释，它与地球的距离只有8.6光年。相比之下，疏散星团M41（左图中下部中间）与地球距离大约是2300光年，在良好的条件下，可以用肉眼看到。

■ 南半球

　　猎户座高挂在天空中，头向下指向北方地平线，而他的脚朝上指向南方，代表腰带的三颗星正在头顶上。腰带上悬挂的佩剑是由恒星和一个明亮的星云组成，这是猎户座大星云（M42），也是最亮最著名的星云。目光敏锐的观察者会看出它是一块乳白色的光斑，双筒望远镜将确认它的位置。M42附近更靠近腰带处有一

个很分散的疏散星团NGC 1981，必须通过双筒望远镜才能看到。

　　御夫座和亮星五车二位于猎户座和北方的地平线之间。小犬座中的亮星南河三在代表猎户座一个肩膀上的亮星参宿四的东边。猎户座脚的东边是天狼星，这颗亮星标志着猎户座第二条猎犬的头。在猎户座下边西北方是金牛座；在猎户座的右下方，猎户手中举的木棒以外，是双胞胎双子座的脚，亮星北河二和北河三离地平线很近，代表双胞胎的头。

　　南方天空的景色有明显的差异。东部即左边的天空有很多内容要看，但西部天空只闪耀着一颗明亮的星星，这是全天第九亮星水委一，它标志着蜿蜒的波江座的终点，波江座代表神话中的一条河。

　　在左边天空中，银河从东南地平线向上流向天狼星，途中经过恒星密集的半人马座、南十字座和船底座。半人马座的后背几乎靠在地平线上，在它向上的腿之间是所有星座中最小的南十字座。

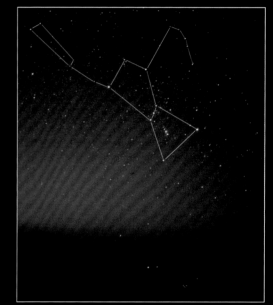

猎户座

　　猎户座是天空中极其容易辨认的星座之一，它的星星清晰地描绘出一个猎人的身影，一颗明亮的头是一小群星星，连成一条线的三颗星代表腰带。他的佩剑由恒星和正在形成恒星的星云M42组成。

前　半　夜

午夜　　21时

18时

15时

中午

五车二

北河二

双子座

北河三

金牛座

昴星团

白羊座

双鱼座

毕宿五

毕星团

参宿四

参宿五

南河三

宝瓶座

10°

乌藁增二

0°

参宿七

-10°

-20°

北落师门

摩羯座

-30°

-40°

-50°

1月

99

行星的位置

　　这张图上标定了水星、金星、火星、木星和土星从2019年到2025年1月的位置。行星以彩色圆点表示，点内的数字表示年份。除水星以外，所有行星的点的位置表示行星在1月15日的位置。水星只标定出在大距（见第26页）时的位置，大距的具体日期请参阅对页表中的数据。

⬤ 水星　　⬤ 金星　　● 火星　　⬤ 木星　　◎ 土星

实例　㉒ 木星在2020年　▶㉔ 木星在2024年1月15日的位置。箭
　　　　1月15日的位置　　　头表明行星在逆行（见第26页）。

2月

三颗亮星组成的三角形和一对双胞胎闪耀在二月的天空中。三个不同星座中的亮星连接成一个等边三角形，它们分别是代表猎户座肩膀的参宿四，以及猎户的两只猎狗大犬座、小犬座中的亮星天狼星和南河三。这对双胞胎是双子座中的亮星北河二和北河三。

特殊天象

月相

	满月	新月
2019年	2月19日	2月4日
2020年	2月9日	2月23日
2021年	2月27日	2月11日
2022年	2月16日	2月1日
2023年	2月5日	2月20日
2024年	2月24日	2月9日
2025年	2月12日	2月28日

行星

2019年2月18日
黎明前金星和土星出现在东方低空，相距两个月球宽度。

2019年2月27日
水星东大距，亮度-0.2等。

2020年2月10日
水星东大距，亮度-0.3等。

2022年2月16日
水星西大距，亮度-0.2等。

冲和大距的原理见第26页。

■ 北半球

由天狼星、参宿四和南河三组成的三角形称为冬季大三角（见第32~33页）。天狼星和南河三很容易在南方天空中找到，因为它们是全天第一和第八亮星。明亮的天狼星接近南方地平线，南河三在天狼星的左上方。猎户座的参宿四位于天狼星的右上方。

在猎户座以外的西南方天空是金牛座。外形独特的狮子座现在出现在东南方，而双子座几乎正在头顶。这对双胞胎几乎与地平线平行，它们的头指向狮子座，脚朝向金牛座。

御夫座的亮星五车二在西方高空，下面是神话中从海怪口中救下仙女的英雄英仙座。被锁链锁住的仙女座位于英仙座和地平线之间，她的母亲仙后座在她右边的西北方天空中。其他两个拱极星座大熊座和小熊座在东北方。

蜂巢星团

蜂巢星团也称为鬼星团或者M44，位于巨蟹座，本月可以在南方高空看到。这个疏散星团中的星有1000颗左右，最亮的星亮度是6等，肉眼可见，看起来是一个模糊的光斑。在双筒望远镜中它的恒星分布区域超过三个满月的宽度。

■ 南半球

银河横跨在天空中，从东南方地平线向西北延伸。沿着这条路径，从接近南方地平线开始，依次是半人马座、南十字座、船底座、船帆座和船尾座。接下来是位于头顶的大犬座，星座中明亮的天狼星和船底座的老人星是全天最亮的两颗恒星。整个月它们在天空中的位置都很高。

红色的参宿四和白色的天狼星、南河三连接成等边三角形，北半球的观测者称之为冬季大三角，此时高挂在西北地平线上方。天狼星的位置最高，它下面一左一右分别是参宿四和南河三。银河之中的独角兽麒麟座在冬季大三角中，靠近猎户座边界的是疏散星团NGC 2244，可以通过双筒望远镜看到。

向北可以看到北河二和北河三，它们标志的是双胞胎双子座的头。两颗星中北河三较亮，亮度为1.2等，但北河二（亮度1.6等）可能更有趣些，一架小型天文望远镜将看出它是一对双星。在它的右边，向东是巨蟹座，还有倒立的狮子座。狮子的头指向双胞胎双子座，尾巴朝着东方地平线。

玫瑰星云和NGC 2244

上图是天文望远镜拍摄到的麒麟星座中壮观的玫瑰星云，星云的中心是疏散星团NGC 2244。星团周围的星云在照片中显得很好看，但肉眼看不到。

冬季大三角

尽管地平线上有城市的光污染，但上图中的冬季大三角形明显可见。大犬座中明亮的天狼星正好在照片中心的下方。左上方是小犬座的南河三。中间偏右是猎户座，猎户座中的参宿四构成冬季大三角的第三个点。

2
月

前　半　夜

午夜　21时　18时　15时　中午

五车二　北河二　北河三　双子座　昴星团　白羊座　巨蟹座　南河三　金牛座　双鱼座　毕宿五　毕星团　参宿四　参宿五　参宿七　刍蒿增二　宝瓶座　北落师门

−20°　−10°　0°　−10°　−20°　−30°　−40°　−50°

行星的位置

这张图上标定了水星、金星、火星、木星和土星从2019年到2025年2月的位置。行星以彩色圆点表示，点内的数字表示年份。除水星以外，所有行星的点的位置表示行星在2月15日的位置。水星只标定出在大距（见第26页）时的位置，大距的具体日期请参阅对页表中的数据。

● 水星　● 金星　● 火星　● 木星　○ 土星

实例　 木星在2020年2月15日的位置　▷㉕ 木星在2025年2月15日的位置。箭头表明行星在逆行（见第26页）。

3月

本月狮子座和室女座取代了猎户座和双子座，预示着北半球的春天和南半球的秋天开始。在3月20日，偶尔是3月21日，太阳从南向北穿越天赤道进入到北半球的天空。此时，白天和黑夜的长度相同，在此之前北半球的夜晚逐渐变短，南半球的夜晚越来越长。

特殊天象

月 相

	满月	新月
2019年	3月21日	3月6日
2020年	3月9日	3月24日
2021年	3月28日	3月13日
2022年	3月18日	3月2日
2023年	3月7日	3月21日
2024年	3月25日	3月10日
2025年	3月14日	3月29日

日 月 食

2025年3月14日月全食。太平洋、北美洲、中美洲、南美洲、西欧和西非可见。

2025年3月19日偏食。非洲西北部、欧洲和俄罗斯北部地区可见。

行 星

2020年3月20日	2022年3月12日
火星和木星出现在黎明前的东方天空中，相距不到两个月球的宽度。	金星和火星出现在黎明前的东方低空，相距8个月球的宽度。

2020年3月24日	2022年3月20日
水星西大距，亮度0.5等。	金星西大距，亮度-4.4等。
金星东大距，亮度-4.5等。	2023年3月2日

2020年3月31日	金星和木星傍晚出现在西方天空，相距一个月球的宽度。
火星和土星出现在黎明前的东方低空，相距两个月球的宽度。	2024年3月24日

2021年3月6日	水星东大距，亮度0.1等。
水星西大距，亮度0.4等。	2025年3月20日
	金星东大距，亮度-4.5等。

冲和大距的原理见第26页。

北半球

正南高空是与众不同的狮子座。星座中的星星之间连线而成的形状确实像一头蹲伏的狮子，它头的弧线和身子的形状很容易在天空中找到。从狮子座向西望去，经过暗弱的巨蟹座，到达即将消失的冬季星座猎户座。狮子座的左边是刚刚从东方地平线上升起的室女座和星座中的亮星角宿一。狮子座中最亮的星轩辕十四标志着狮子伸展的前腿的顶端。它是一颗亮度1.4等的蓝白色恒星，通过双筒望远镜可以看到一颗距它较远的暗淡的伴星。在狮子身体的下面有5个星系，在良好的观测条件下它们都能用双筒望远镜看到。

大熊座位于北天高空，大熊臀部和尾巴上的七颗亮星组成的一个平底锅形状的北斗星，斗的开口方向朝向北极星。M81在熊的头部附近，是使用一架双筒望远镜极其容易找到的星系之一。它是一个旋涡星系，也被称为波德星系。距离它一个满月宽度的地方还有一个较小较暗的星系M82。"W"形的仙后座在北极星的另一边，现在几乎在北极星和地平线之间。

大熊座中的星系
星系M81和M82在大熊座，位于大熊的肩膀上方。借助双筒望远镜和绝佳的观测条件，旋涡星系M81（图右）看起来像一个细长的光斑。雪茄形的M82（图左）只能通过天文望远镜看到。

南半球

南方繁星满天。正南是船底座和船帆座。白色超巨星老人星标志着船底座的西端，–0.6等的老人星亮度仅次于天狼星，是全天第二亮星。天狼星在老人星的西边上方。船底座η是一颗变星，爆发时亮度相当高，1841年发生了一次巨大爆发后，它的亮度可与天狼星媲美。

东南方的天空以两颗明亮的星——半人马座α和β为主，它们指向附近的小星座南十字座。再向东，初冬的星座正在东方地平线上升起。室女座一路领先，紧随其后的还有天蝎座。

狮子座在正北方，星座中的星连成一头蹲伏的狮子的形象，南半球的观测者看到的它是颠倒的，狮子背向下躺着，头朝西。星座中的亮星轩辕十四在上方，标志着伸出的前爪的顶端。在轩辕十四两边相同距离处有两颗一样亮的星，西边是小犬座的南河三，东边是室女座的角

宿一。接近东方地平线的是红巨星大角星和牧夫座，标志着冬夜星空来临。在天空的另一边可以看到夏季的猎户座正要消失在西方的地平线处。

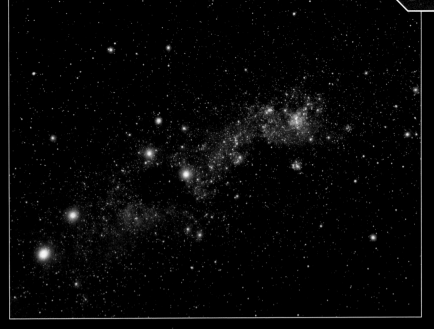

船底座η星云

这个模糊的红色天体是船底座η星云（NGC 3372），星云中包含着变星船底座η。它的左边是南十字座和暗星云煤袋，煤袋挡住了更遥远的恒星发出的光。

狮子座

在北方的天空中可以看到著名的狮子座，右下角的亮星是轩辕十四。从轩辕十四向上延伸的星星曲线组成狮子的头和肩膀。左下的亮星五帝座一标志着狮子尾巴的末端。把书颠倒过来可以看出狮子座在南半球天空中的样子。

前 半 夜

21时　18时　15时

午夜　　　　　　　　　　　　　　　　　　中午

五车二

北河二
北河三
双子座
巨蟹座
昂星团
白羊座
双鱼座

狮子座
毕宿五
毕星团
金牛座

轩辕十四

参宿四
参宿五

南河三

参宿七

氐宿增二

− 30°
− 20°
− 10°
0°
− −10°
− −20°
− −30°

3月

103

行星的位置

这张图上标定了水星、金星、火星、木星和土星从2019年到2025年3月的位置。行星以彩色圆点表示，点内的数字表示年份。除水星以外，所有行星的点的位置表示行星在3月15日的位置。水星只标定出在大距（见第26页）时的位置，大距的具体日期请参阅对页表中的数据。

● 水星　　● 金星　　● 火星　　● 木星　　● 土星

实例　● 木星在2020年
20　　 3月15日的位置

每
月
星
空
指
南

4月

本月狮子座仍然在天空中，但已为另一个黄道十二星座室女座让出了位置。而另一个神秘人物——牧人已经登场，牧夫座目前位于适合观察者观测的位置。第三个星座大熊座对北半球的观测者来说几乎位于头顶上，而对那些南半球的观测者来说，位于显眼位置的是南十字座。

特殊天象

月相

	满月	新月
2019年	4月19日	4月5日
2020年	4月8日	4月23日
2021年	4月27日	4月12日
2022年	4月16日	4月1、30日
2023年	4月6日	4月20日
2024年	4月23日	4月8日
2025年	4月13日	4月27日

日月食

2022年4月30日日偏食。太平洋东南部和南美洲可见。

2023年4月20日全环食。印度尼西亚、澳大利亚和巴布亚新几内亚可见。全环食带开始的地区可见环食，中间区域见到的是全食，结束的地区又可见环食。

2024年4月8日日全食。墨西哥、美国中部和加拿大东部可以看到日全食。北美和中美洲可以看到日偏食。

行星

2019年4月11日 水星西大距，亮度0.6等。	2023年4月11日 水星东大距，亮度0.3等。
2022年4月5日 火星和土星出现在黎明前的东方低空，相距约半个月球的宽度。	2025年4月21日 水星西大距，亮度0.6等。 2025年4月29日 金星和土星出现在黎明前的东方低空，相距七个月球的宽度。
2022年4月29日 水星东大距，亮度0.5等。	
2022年4月30日 金星和木星出现在黎明前的东方低空，相距半个月球的宽度	

冲和大距的原理见第26页。

北半球

狮子座在西南方高空，其独特的形状很容易识别出来。狮子的目光看向双子座，双子座的两颗亮星北河二、北河三标志着双胞胎兄弟的头。头顶和低空的星比较稀疏。长蛇座散落在狮子座和南方地平线之间，这是最大的星座，但非常不突出。在左边，室女座紧跟着狮子座穿过天空。星座中的亮星角宿一在东南方。在它东边偏上的是天赤道以北最亮的恒星大角星，这颗亮度-0.1等的红巨星是全天第四亮星。

向北方看，大熊座在北极星的正上方，几乎正在头顶。构成大熊尾巴的七颗星就像一个平底锅从侧面看的形状，被称为北斗七星，这是一个北半球最容易辨识的星星组成的图案。

仙后座在下面，位置靠近地平线。西北方是黄色的五车二，亮度为0.1等，是全天第六亮星。它是御夫座中最亮、最引人注目的星。在东方，有天琴座的织女星，预示着夏天第一个星座的到来。天琴座是天琴座流星雨辐射点所在的星座，每年大约4月21—22日达到极大，每小时约有十几颗流星从织女星附近的某个点辐射出来。

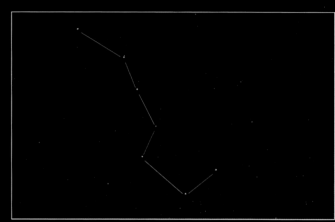

大熊座和北斗星

大熊座尾巴和臀部（尾部和中部）的七颗星组成了北斗七星。尾巴上的第二颗星是开阳，它还有一颗伴星辅，二者都可以用双筒望远镜看到，而且任何视力良好的人都能肉眼直接看到。

南十字座和船底座

银河在南半球的天空中自上而下流淌。组成南十字座的四颗星可以在左侧照片的左上方看到。下面是船底座的星,代表船的龙骨。

字架的底部。肉眼观察,它是一颗亮度0.8等的恒星,但通过一架小型天文望远镜可以看出它是一对双星。南十字座β是十字架的左边,它是一颗亮度1.3等的蓝白色巨星。在这颗恒星和被称为煤袋星云的、著名的暗星云之间有一个闪闪发光的珠宝盒星团,也被称为NGC 4755,这是一个肉眼可见的疏散星团。用双筒望远镜或小型天文望远镜可以分解出其中的恒星。往北看,狮子座仍然很醒目,但正落向西方的地平线。在星座中明亮的轩辕十四的右边有五个用双筒望远镜可以看到的星系。室女座角宿一和牧夫座的大角星在东北方的天空中发出明亮的光芒。南河三位于西北方,但双子座现在已经落到地平线以下。

草帽星系

这个星系又称为M104或NGC 4594,草帽星系是室女座中的一个旋涡星系,它的黑色尘埃带和球状核心看起来像传统的墨西哥草帽,因此而得名。它几乎是侧面朝向地球,在小型天文望远镜中看起来显得细长,暗带通过较大的天文望远镜可见。

■ 南半球

南天银河中的繁星构成一条光带,蔚为壮观。它从西边的地平线延伸到南方高空,然后一直斜向东方。途中依次经过船底座、南十字座、半人马座,以及天蝎座的尾巴。南十字座几乎位于正南方向,非常适于观测。相比之下,南十字座上方接近头顶的星空显得比较贫乏,这里有长而蜿蜒的长蛇座。

十字架二是南十字座中最亮的恒星,它标志着十

4 月

行星的位置

这张图上标定了水星、金星、火星、木星和土星从2019年到2025年4月的位置。行星以彩色圆点表示,点内的数字表示年份。除水星以外,所有行星的点的位置表示行星在4月15日的位置。水星只标定出在大距(见第26页)时的位置,大距的具体日期请参阅对页表中的数据。

⬤ 水星　⬤ 金星　⬤ 火星　◑ 木星　◯ 土星

实例　⑳ 木星在2020年
　　　　4月15日的位置

5月

5月里，对北半球和南半球的观测者来说，最突出的星座是牧夫座和室女座。赤道以南的观测者还能看到南十字座和半人马座，它们现在位于地平线以上最高的位置。在北半球，随着夏季的临近，白天逐渐变长。一旦天色变暗，就可以看到大熊座傲立在北方的高空中。

■ 北半球

室女座和星座中的亮星角宿一位于正南方，更高的天空中是牧夫座中的大角星，几乎处于正头顶。在东南方可以看到第十三个黄道星座蛇夫座。狮子座的头和身子在落下地平线之前仍然可以在西南天空中看到。红色的心宿二代表天蝎座的心脏，对北半球北纬50°以北的观测者来说是难得一见的，在夏季，人们仅可以在靠近地平线的地方看到它。

大熊座在北天高空，北斗七星很容易识别，形状就像一只平底锅，锅的手柄朝向东，平底锅朝西倾斜。大熊座中的两颗亮星天枢、天璇构成了远离手柄的锅的外沿。它们被称为指极星，因为它们的连线指向北极星。北极星标志着北天极的位置。

夏季的亮星织女星（位于天琴座）和天津四（位于天鹅座）从东北方升起，冬季的亮星只剩下北河二、北河三（位于双子座），它们向西北

特殊天象

月相

	满月	新月
2019年	5月18日	5月4日
2020年	5月7日	5月22日
2021年	5月26日	5月11日
2022年	5月16日	5月30日
2023年	5月5日	5月19日
2024年	5月23日	5月8日
2025年	5月12日	5月27日

日月食

2021年5月26日月全食。亚州东部、澳大利亚、太平洋及北美和南美可见。

2022年5月16日月偏食。北美、南美、欧洲和非洲可见。

行星

2020年5月22日	2022年5月29日
水星和金星黄昏时出现在西方低空，相距不到两个月球的宽度。	火星和木星黎明前出现在东方天空，相距大约一个月球的宽度。

2021年5月17日	2023年5月29日
水星东大距，亮度0.6等。	水星西大距，亮度0.7等。

2021年5月29日	2024年5月9日
水星和金星黄昏时出现在西方低空，相距不到一个月球的宽度。	水星西大距，亮度0.7等。

冲和大距的原理见第26页。

开阳和辅

这张图显示的双星开阳（左）和辅（右）。它们通常被看作是斗柄上的一颗星。通过望远镜（上图）可以看出开阳还有另一颗伴星。

方落下。天琴座虽小，但因其明亮的织女星而显得突出。它也是行星状星云环状星云（M57）的所在地，通过一架小型天文望远镜看起来是一个模糊的圆斑。在低纬度地区的观测者可以看到宝瓶座 η 流星雨（见下一页）。

■ 南半球

两颗明亮的恒星角宿一（室女座）和大角星（牧夫座）位于北边天空的中心位置。大角星是这两颗星中位置较低和较亮的一颗，也是全天第四亮的恒星。角宿一几乎在头顶上，西北方向是狮子座，它很快就要为冬季的星座让路。手拿大蛇的蛇夫座在东方的天空中，这条盘绕在蛇夫座周围的蛇构成了巨蛇座，它分为两部分，分别位于蛇夫座的两侧。巨蛇头在蛇夫座和牧夫座之间，巨蛇尾靠近东方地平线。

半人马座和南十字座位于南方的高空。半人马座中的两颗明亮的星闪耀着光芒，它们正好位于银河最灿烂的部分，半人马座α是其中较亮的一颗，也是全天第三亮星。位于半人马座中心的半人马座ω是地球天空中最亮的球状星团。这个月也提供了第一个观看天蝎座的好机会，天蝎座是一个正在东南方天空升起的冬季星座。

宝瓶座η流星雨开始于每年的4月下旬，但在5月的第一周达到顶峰，每小时流量可以达到35颗。流星像是从宝瓶座中的一个点辐射出来的，在黎明前几个小时里可见。因为此时地球正撞进哈雷彗星留下的一团尘埃中。

半人马座α

在黎明的天空中刚升出地平线的是半人马座α，它距离太阳只有4.3光年，一般说它是除太阳以外距离地球最近的恒星。其实它的一颗肉眼看不见的伴星比邻星距离地球还更近一点儿，它才是夜间最接近我们的恒星。

半人马座ω

半人马座ω（NGC 5139）是银河系中最大的球状星团。在这张用4米口径的天文望远镜拍摄的图像中，这个星团的约1000万颗恒星中只有一部分可以看到。用肉眼或双筒望远镜观测，它看起来像一颗模糊的恒星。

牧夫座

牧夫座代表的是在天空中高举着手臂的巨大牧人的形象。星座中的亮星组成一个风筝形状，最顶上的星是牧人的头，在风筝的尾部是红巨星大角星，它是天赤道以北最亮的恒星。

行星的位置

这张图上标定了水星、金星、火星、木星和土星从2019年到2025年5月的位置。行星以彩色圆点表示，点内的数字表示年份。除水星以外，所有行星的点的位置表示行星在5月15日的位置。水星只标定出在大距（见第26页时）的位置，大距的具体日期请参阅对页表中的数据。

◯ 水星　◯ 金星　● 火星　● 木星　◯ 土星

实例　⑳ 木星在2020年5月15日的位置　▶⑲ 木星在2019年5月15日的位置。箭头表明行星在逆行（见第26页）。

6月

6月的天空中，神话中的英雄赫拉克勒斯（武仙座）加入到牧夫座和蛇夫座的队伍中。接近月底时，对北半球的观测者来说夜晚最短，而南半球的夜晚最长。这是因为6月21日太阳位于天赤道以北的最远点。

■ 北半球

向南方天空看，武仙座和牧夫座高挂在空中。通过明亮的大角星很容易找到牧夫座。武仙座虽然很大，但并不醒目，最好是利用它东边的织女星来寻找。织女星属于天琴座，是全天第五亮星，在六月的天空比大角星还要亮。织女星的右边是武仙座，星座中有四颗星相连形成一个扭曲的正方形，称为拱顶石，代表武仙座的下半身。他的腿向上，头指向地平线。肉眼可以看到的星团M13位于其中两颗星的连线上。天蝎座的头已经升出地平线，可以通过红超巨星心宿二确定星座的位置。

在东方有三颗亮星组成的夏季大三角。最高最亮的是织女星，而接近地平线处可以看到天津四（天鹅座）和牛郎星（天鹰座）。正北方，小熊座从北极星向上延伸，北极星代表小熊的尾巴尖。小熊座的星组成的形状并不像一头熊，事实上更像一只侧面过去的平底锅，就像大熊座中的北斗七星，因此绰号小北斗。平底锅柄是小熊弯曲的尾巴，平底锅身是熊的屁股。

日月食

2020年6月21日日环食。中非、南亚、中国和太平洋地区可见。

2021年6月10日日环食。加拿大北部、格陵兰岛和俄罗斯地区可见。

行星

2019年6月10日
木星冲日，亮度−2.6等。午夜时分在北半球出现在南方天空，在南半球出现在北方天空。

2019年6月19日
水星和火星傍晚出现在西方低空，相距半个月球的宽度。

2019年6月23日
水星东大距，亮度0.4等。

2020年6月4日
水星东大距，亮度0.7等。

2022年6月16日
水星西大距，亮度0.7等。

2023年6月4日
金星东大距，亮度−4.3等。

2023年6月4日
金星西大距，亮度−4.3等。

冲和大距的原理见第26页。

天鹅座 β

天鹅座 β 代表天鹅的喙，是天鹅座第二亮星。用肉眼看起来它像一颗星，但是当用高倍的双筒望远镜或天文望远镜观察时，可以看出它是一对双星。

南半球

牧夫座和武仙座一左一右位于正北方,明亮的大角星和织女星刚刚从东北方地平线上升起,可以通过它们找到牧夫座和武仙座。左边的牧夫座头朝下,脚冲上;右边的武仙座头在上,脚向下,手臂伸展在织女星之上。它的下半身由四颗星相连组成,称为拱顶石。球状星团M13位于其中两颗星的连线上。天鹰座和明亮的牛郎星现在位于东北方。

头顶上,形状独特且有弯曲尾巴的天蝎座清晰可见。红超巨星心宿二代表蝎子的心脏,其亮度变化幅度在0.9等至1.2等之间,周期是4~6年。两个疏散星团M6和M7在蝎子的尾刺附近,它们都可以用肉眼看到。

位于银河中的天蝎座和相邻的人马座正好处在银河系的中心方向。乳白色的银河从人马座、天蝎座向西南方流淌,沿途经过半人马座和南十字座。球状星团半人马座ω的位置很利于观测,还有南十字座的煤袋暗星云和珠宝盒星团(NGC 4755)。

蝴蝶星团

蝴蝶星团(M6)是天蝎座中的一个疏散星团。距离地球大约有2000光年,直径约12光年。星团中最亮的恒星是一颗橙色巨星,它的光随着时间而变化。这个星团位于蝎子尾巴的毒刺附近。

武仙座的拱顶石

构成武仙座下半身的四颗恒星被称为拱顶石。其中两颗星的连线穿过球状星团M13(上图左)。这个星团在南北半球都可以看到。

6
月

行星的位置

这张图上标定了水星、金星、火星、木星和土星从2019年到2025年6月的位置。行星以彩色圆点表示,点内的数字表示年份。除水星以外,所有行星的点的位置表示行星在6月15日的位置。水星只标定出在大距(见第26页)时的位置,大距的具体日期请参阅对页表中的数据。

⬤ 水星　　⬤ 金星　　⬤ 火星　　⬤ 木星　　⬤ 土星

实例　㉔ 木星在2024年　▷⑳ 土星在2020年6月15日的位置。箭
　　　　6月15日的位置　　　头表明行星在逆行(见第26页)。

7月

这个月武仙座和蛇夫座仍然是天空舞台的中心，天鹰座也飞入我们的视野。南方的观测者可以开始探究银河最密集的区域，其中位于银河系中心方向的人马座几乎在头顶正上方。现在天鹅座正张开翅膀高高挂在空中，供北方的观测者观看。小星座天琴座中的织女星在头顶闪闪发光。

特殊天象

月相

	满月	新月
2019年	7月16日	7月2日
2020年	7月5日	7月20日
2021年	7月24日	7月10日
2022年	7月13日	7月28日
2023年	7月3日	7月17日
2024年	7月21日	7月5日
2025年	7月10日	7月24日

日月食

2019年7月2日日全食。南太平洋、智利和阿根廷可见日全食。在南太平洋和南美洲地区可以看到日偏食。

2019年7月16日月偏食。南美洲、欧洲、非洲、亚洲和澳大利亚可见。

行星

2019年7月9日
土星冲日，亮度0.1等。午夜时分在北半球出现在南方天空，在南半球出现在北方天空。

2020年7月14日
木星冲日，亮度-2.7等。午夜时分在北半球出现在南方天空，在南半球出现在北方天空。

2020年7月20日
土星冲日，亮度0.1等。午夜时分在北半球出现在南方天空，在南半球出现在北方天空。

2020年7月22日
水星西大距，亮度0.5等。

2021年7月4日
水星西大距，亮度0.6等。

2021年7月13日
金星和火星黄昏时出现在西方低空，二者之间相距1个月球的宽度。

2024年7月22日
水星东大距，亮度0.7等。

2025年7月4日
水星东大距，亮度0.7等。

冲和大距的原理见第26页。

北半球

往北看，小熊星座从北极星向上延伸。缠绕在它周围的是长而弯曲的天龙座。大熊座位于北极星左边的西北方天空；在右边东北方空中的是神话中的克普斯国王（仙王座）和他的王后卡西欧佩娅（仙后座）。西方天空的大角星（牧夫座）和几乎在头顶的织女星（天琴座）是7月天空中最亮的恒星。

从亮度排名看接下来是东南方的牛郎星，它代表天鹰的脖子，两侧是两颗稍暗的恒星。银河经过天鹰座流向位于东方高空的天鹅座，一行星构成了天鹅的身体，另一串星形成和它相交的线，代表它的翅膀，这个十字形星群的另一个名字是北十字。天鹅座中最亮的恒星是蓝白色的超巨星天津四，标志着天鹅的尾

织女星

织女星（位于中心偏下）是北半球夏季天空中最亮的恒星。附近是天琴座ε星，借助敏锐的视力或双筒望远镜可以看出它是双星（左上角），天文望远镜能够把两颗恒星中的每一颗都分解成双星。

巴。北冕座是极小的星座之一，位于西南方高空，两侧是武仙座和牧夫座。它的七颗星组成一个弧形，代表神话中阿里阿德涅公主的花冠，因此它的另一个名字叫北方王冠。蛇夫座位于正南方，上方是武仙座。在北纬45°以南的观察者将在地平线上看到富含恒星的人马座和天蝎座。这是北方观测者在夜空中看到黄道带最南端的两个星座的最佳机会。

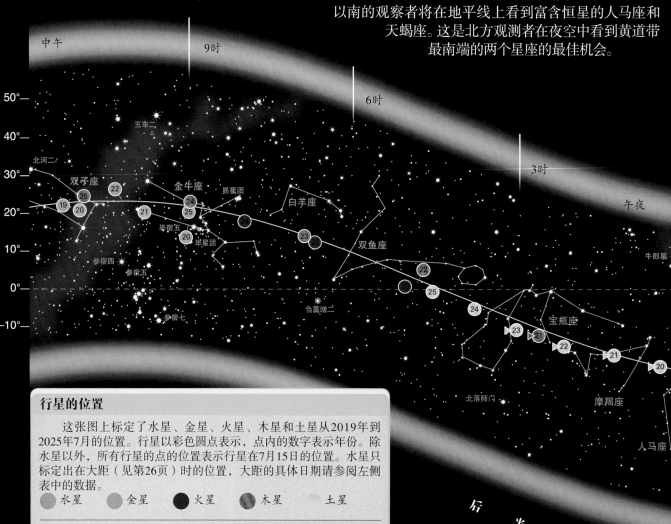

行星的位置

这张图上标定了水星、金星、火星、木星和土星从2019年到2025年7月的位置。行星以彩色圆点表示，点内的数字表示年份。除水星以外，所有行星的点的位置表示行星在7月15日的位置。水星只标定出在大距（见第26页）时的位置，大距的具体日期请参阅左侧表中的数据。

⬤ 水星　⬤ 金星　⬤ 火星　⬤ 木星　⬤ 土星

实例　㉕ 木星在2025年7月15日的位置　▶㉑ 木星在2021年7月15日的位置。箭头表明行星在逆行（见第26页）。

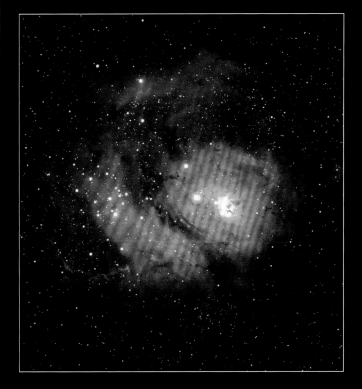

礁湖星云

明亮的礁湖星云（M8，NGC 6523）位于人马座的弓内，其中正在生成恒星，距离地球大约5200光年。它在乡村的夜空中肉眼可见，是适于双筒望远镜观测的目标。双筒望远镜还能看出星云内的星团NGC 6530。

人马座视觉上位于银河系的中心，M24是人马座中一个巨大而明亮的星团，肉眼可以看到，礁湖星云（M8）也是如此。第三亮的球状星团M22也在人马座，用双筒望远镜很容易找到，在乡村的夜空中，视力敏锐的观测者也能直接看到它。人马座内的一组八颗星构成了茶壶星群，但在这片璀璨的星空中很难分辨出来。人马座前足的一个星星构成的弧线更容易看到，这是南冕座，是较小的星座之一。

往北看，蛇夫座高挂在空中，下面是武仙座。天琴座的织女星靠近地平线，毗邻织女星的是北半球的星座天鹅座，大约南纬30°以北的观测者才可以看到整个天鹅座翱翔的图案。在它的上方东北方的天空中有天鹰座。

宝瓶座δ流星雨在本月29日左右达到极大，每小时最大流量超过20颗，流星相对较暗，从宝瓶座的南部辐射出来。

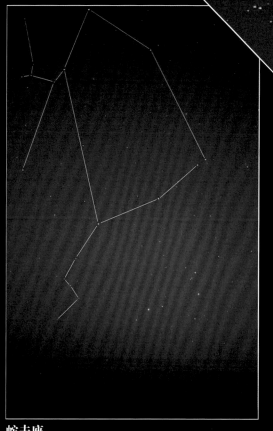

蛇夫座

手握大蛇的蛇夫座是第十一大星座，星星连线组成高昂着头的形象。在他的身体内有两个球状星团，即M10和M12，都可以通过双筒望远镜看到。

■ 南半球

天蝎座和人马座几乎在头顶上。蝎子的尾巴在正南方，因此疏散星团M6和M7处于理想的观测位置。红色的超巨星心宿二闪耀着光芒，它是天蝎座中最亮的恒星，也是肉眼可见的极其大的恒星之一。它的大小估计是太阳的280~700倍。

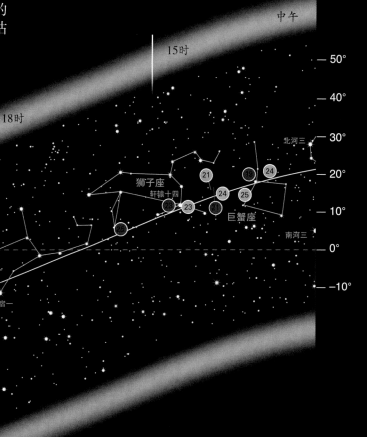

8月

夏季大三角是由三个不同星座的三颗明亮的恒星组成的三角形，除了纬度最南端的区域以外，其他地方都能看到。北方的观测者可以一睹银河中心的风采，并可以观看到英仙座流星雨，这是一年中最好的流星雨。对于南方的观察者来说，人马座的位置仍然很好，8月还为他们提供了观测两个著名的行星状星云的最佳机会。

■ 北半球

夏季大三角此时正在头顶，这是北方夏秋季夜空中熟悉的特征。当天色渐暗，天琴座中蓝白色的织女星是夏季大三角中第一颗出现的。在它的东面是天鹅座，天鹅座包含了大三角的第二颗星——蓝白色超巨星天津四。第三颗是天鹰座的牛郎星，它位于南方，位置最低。

夏季大三角
三颗亮星构成了夏季大三角。天鹅座的天津四在左上角，亮度最暗。右边最亮的是天琴座的织女星。天鹰座的牛郎星在左下角。

弓箭手人马座是神话中一种半人半马的怪物。他的头部和上半身刚好在南方地平线之上，他的马腿只有处于北纬40°以南的观察者才能看到。人马座位于银河系的中心方向，这里的银河最稠密、最明亮，但是需要一个黑暗的环境才能看到这条灿烂的星河。银河从地平线向上延伸，虽然逐渐变暗，但可能更容易看到。这条星河穿过天鹰座，从头顶进入天鹅座，然后在东北方的夜空中进入仙后座。

英仙座流星雨是一年中最佳的流星雨，大约在8月12日达到顶峰，每小时有80颗以上的流星雨从英仙座的一个点辐射出来。虽然英仙座在午夜前刚升出东方地平线，但午夜前还是有可能看到一些流星的。

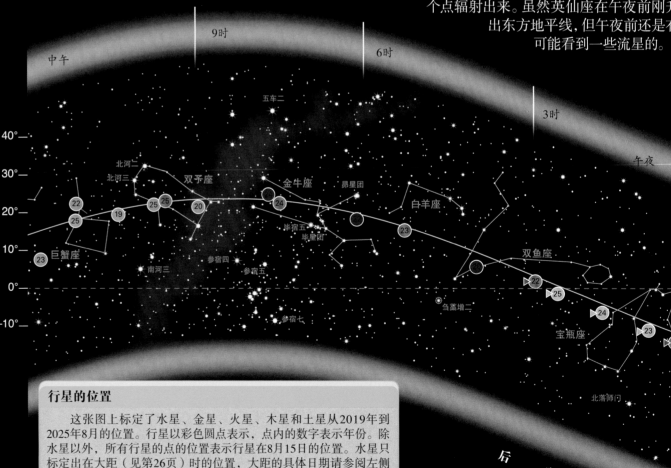

五车二

9时

6时

3时

午夜

中午

40°—
30°—
20°—
10°—
0°—
-10°—

北河二
北河三
双子座
金牛座
昴星团
白羊座
毕宿五
毕星团
双鱼座

巨蟹座
南河三
参宿四
参宿五
海王星
双鱼座
22
25
24
23

宝瓶座

参宿七
北落师门

后
半
夜

行星的位置

这张图上标定了水星、金星、火星、木星和土星从2019年到2025年8月的位置。行星以彩色圆点表示，点内的数字表示年份。除水星以外，所有行星的点的位置表示行星在8月15日的位置。水星只标定出在大距（见第26页）时的位置，大距的具体日期请参阅左侧表中的数据。

● 水星　● 金星　● 火星　● 木星　● 土星

实例　㉓ 木星在2023年8月15日的位置　▶⑳ 木星在2020年8月15日的位置。箭头表明行星在逆行（见第26页）。

南半球

三颗亮星主宰了北方的夜空,位置最高的是天鹰座的牛郎星,下方是天琴座的织女星和天鹅座的天津四。这三颗星组成的三角形被称为夏季大三角,因为它在北半球的夏季夜空中非常突出。狐狸座位于天鹰座和天鹅座之间,星座中包含一个相对容易找到的行星状星云哑铃星云(M27),通过双筒望远镜可以看出它是一个圆形的光斑。第二个著名的行星状星云是位于天琴座的环形星云(M57),在小型天文望远镜看中起来是一个光斑。杜鹃座在东南方,星座中有球状星团杜鹃座47和被称为小麦哲伦云的不规则星系。

人马座和银河中心恒星密集区仍然高挂在头顶上空。银河通过天蝎座流向西南,经过豺狼座,最后到达南十字座和南方地平线。半人马座位于西南地平线上,位置较低,标志着半人马座前腿的半人马座α也被称为南门二,是全天第三亮的恒星;半人马座β,(或称马腹一)是第十一亮的恒星。这两颗星似乎与地球保持着同样的距离,但事实上,它们的距离差别巨大。β离地球约525光年,而α离地球只有4.3光年远。一架小型天文望远镜可以看出半人马座α星是一对双星,由两颗黄色和橙色的恒星组成,每80年围绕彼此运行一周。半人马座α有时被说成是太阳以外最接近地球的恒星,其实半人马座的比邻星离我们更近一些,它是一颗红矮星,可能是α的伴星。半人马座是天空中两个半人半马的怪兽之一,另一个是人马座。

杜鹃座47
杜鹃座47是天空中第二亮的球状星团。距离地球13400光年,它也是离地球较近的球状星团之一。它包含几百万颗恒星,肉眼看起来像是一颗朦胧的星。

天鹅座暗隙
银河从仙王座(顶部)流到天蝎座(靠近地平线),银河在天蝎座那里明显更亮,因为这里是银河中心方向。沿着银河中心线延伸的黑色尘埃带是天鹅座暗隙。

9月

随着摩羯座和宝瓶座移动到夜空中心，北半球秋天和南半球春天的星星已经就位。在这个月的23日，有时是22日，太阳从北方移动到南方的天空。当它穿过天球赤道时，白天和黑夜的长度相等。在接下来的几周里，北半球的夜晚变长，南半球的夜晚变短。

特殊天象

月相

	满月	新月
2019年	9月14日	9月28日
2020年	9月2日	9月17日
2021年	9月20日	9月7日
2022年	9月10日	9月25日
2023年	9月29日	9月15日
2024年	9月18日	9月3日
2025年	9月7日	9月21日

日月食

2024年9月18日月偏食，北美洲、南美洲、欧洲和非洲可见。

2025年9月7日月全食，欧洲、非洲、亚洲和澳大利亚可见。

2025年9月21日日偏食，南太平洋、新西兰和南极洲可见。

行星

2021年9月14日
水星东大距，亮度0.4等。

2022年9月26日
木星冲日，亮度-2.9等。午夜时分在北半球出现在南方天空，在南半球出现在北方天空。

2023年9月2日
水星西大距，亮度-0.2等。

2024年9月5日
水星西大距，亮度0.0等。

2024年9月8日
土星冲日，亮度0.6等。午夜时分在北半球出现在南方天空，在南半球出现在北方天空。

2025年9月21日
土星冲日，亮度0.6等。午夜时分在北半球出现在南方天空，在南半球出现在北方天空。

冲和大距的原理见第26页。

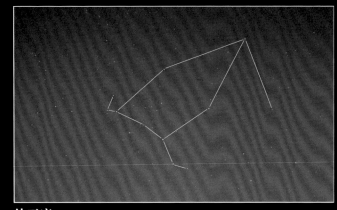

仙王座

神话中的埃塞俄比亚国王克普斯的头在左下角。这个星座并不突出，但值得在国王的头部寻找仙王座δ（造父一）。它的亮度会在3.5等到4.4等之间变化。

北半球

摩羯座和宝瓶座位于正南方，一边一个。对于那些在高纬度地区的人来说，9月是观测摩羯座最好的时间。天鹅座仍然高高的在头顶上，与飞马座相邻。组成夏季大三角的天津四（天鹅座）、织女星（天琴座）和牛郎星（天鹰座）仍然可见，位置已经偏西。飞马座出现在东方天空宣告了秋天的到来。

在北方，大熊座在北极星之下，而仙王座在上面。仙王座δ是造父变星的原型，随着这颗恒星的脉动，它的亮度会以5天为周期变化。在北方此时只能看到两颗明亮的星星：靠近东北方地平线的五车二（御夫座）是全天第六亮星，比它稍亮的织女星在西边的高空。

行星的位置

这张图上标定了水星、金星、火星、木星和土星从2019年到2025年9月的位置。行星以彩色圆点表示，点内的数字表示年份。除水星以外，所有行星的点的位置表示行星在9月15日的位置。水星只标定出在大距（见第26页）时的位置，大距的具体日期请参阅左侧表中的数据。

● 水星　● 金星　● 火星　● 木星　● 土星

实例　㉕ 木星在2025年9月15日的位置　▷⑳ 土星在2020年9月15日的位置。箭头表明行星在逆行（见第26页）。

小麦哲伦云

小麦哲伦云（左）和球状星团杜鹃座47（右）似乎与地球距离相同。实际上，这个星系直径10000光年，距离地球21万光年。杜鹃座47离地球只有13400光年远。

云——螺旋星云（NGC 7293）被认为是离地球最近的行星状星云，它在天空中显得很大，视直径有月球表面宽度的1/3。由于它的光线分散，因此很难被发现。双筒望远镜可以看到其淡灰色的光，附近是南鱼座明亮的北落师门。

牛郎星（天鹰座）、织女星（天琴座）和天津四（天鹅座）形成的夏季大三角仍然可以在西北方天空看见。9月是在织女星、天津四依次落到地平线以下之前仅剩的看到夏季大三角的机会。最后再看一眼天鹅嘴上的辇道增七，这是一对著名的双星，通过天文望远镜可以清楚地分辨出来。

在西方的天空中可以看到银河，人马座的位置仍然很高，下面是天蝎座，最低的是半人马座和南十字座，它们正消失在西南方地平线以下。蓝白色的水委一位于东南方，亮度0.5等，是全天第九亮星。水委一标志着神秘的波江座的一端，它的名字来源于阿拉伯语，意思是"河的尽头"。

水委一的右边是代表着一种热带巨嘴鸟的杜鹃座，它是球状星团杜鹃座47（NGC 104）的所在地，近旁有一个比满月视直径宽7倍的细长光斑，这就是小麦哲伦云，一个小型的不规则星系，是银河系的伴系。当用双筒望远镜观察这个肉眼可见的天体时，可以看到其中的一些星团和星云。

螺旋星云

宝瓶座螺旋星云的颜色和复杂性只有在上方这张照片中才能看到。气体的外壳直径约为15光年，是一颗中心濒死恒星抛出的物质。星云距离地球大约300光年。

■ 南半球

摩羯座和宝瓶座位于头顶。这两个星座内都没有特别明亮的星，但宝瓶座中有值得关注的天体。摩羯座中最亮的α星是一对双星，借助敏锐的视力或双筒望远镜可以看出来，一颗是亮度3.6等的巨星，另一颗是距离比它远6倍的亮度4.3等的超巨星。

宝瓶座中包括球状星团M2，很容易在双筒望远镜中看到，看起来就像一颗模糊的恒星。

宝瓶座还有一个著名的行星状星

9
月

10月

特殊天象

月相

	满月	新月
2019年	10月13日	10月28日
2020年	10月1、31日	10月16日
2021年	10月20日	10月6日
2022年	10月9日	10月25日
2023年	10月28日	10月14日
2024年	10月17日	10月2日
2025年	10月7日	10月21日

日月食

2022年10月25日日偏食。欧洲、非洲东北部、中东和西亚地区可见。

2023年10月14日日环食。美国西部、北美洲南部、哥伦比亚和巴西地区可见。

2023年10月28日月偏食。北美洲、南美洲、欧洲、非洲、亚洲和澳大利亚可见。

2024年10月2日日环食。智利南部和阿根廷南部地区可见。

行星

2019年10月20日
水星东大距，亮度0.1等。

2020年10月1日
水星东大距，亮度0.3等。

2020年10月13日
火星冲日，亮度–2.6等。午夜时分在北半球出现在南方天空，在南半球出现在北方天空。

2021年10月25日
水星西大距，亮度–0.3等。

2021年10月29日
金星东大距，亮度–4.4等。

2022年10月8日
水星西大距，亮度–0.3等。

2023年10月23日
金星西大距，亮度–4.4等。

2025年10月29日
水星东大距，亮度0.1等。

冲和大距的原理见第26页。

仙女座星系进入了观测者的视野，这是肉眼可见的最遥远的天体。人们同时还能看到飞马座大四边形，它是由相邻的飞马座和仙女座的亮星连接而成。南方的观测者可以在天空中看到银河系的两个伴系，而仙后座对纬度偏北的观测者来说处于有利的位置。

北半球

飞马座和仙女座并列在正南方，通过飞马座大四边形相连。四边形由飞马座的三颗星和仙女座的一颗星组成，它代表了神话中飞马的上半身。靠近马鼻子的球状星团M15在晴朗的乡村夜空中肉眼可见。

仙女座中有仙女座星系（M31），它是本星系群中最大的成员。这是一个旋涡星系，倾斜着朝向我们的视线方向，所以看起来是一个细长的椭圆形。它的中心部分可以用肉眼和双筒望远镜看到，旋臂需要大型天文望远镜才能看出来。

猎户座流星雨在每年10月20日前后达到峰值，每小时出现25颗左右的快速流星。观测它最好是在午夜过后，此时猎户座已在东方升起。

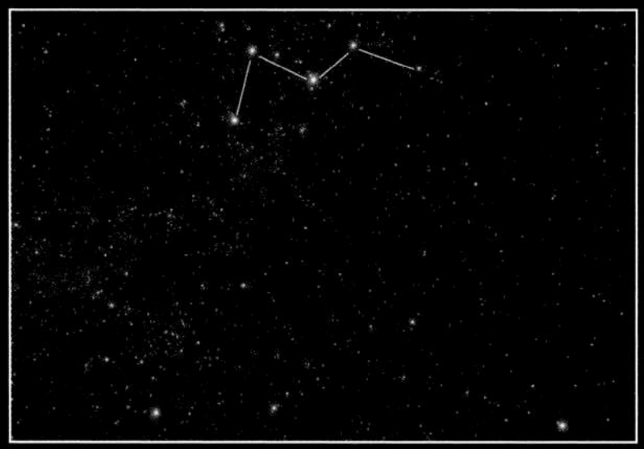

仙后座

图中仙后座“M”形的五颗亮星在上方中央，北极星是右下角的亮星，仙王座的两颗亮星则在其左边。银河从右上到左下流经仙后座。

往北看，连成一线的织女星（天琴座）、北极星（标志着北天极的位置）和五车二（御夫座）横跨天空，银河在头顶形成拱形，仙王座和仙后座位于北极星之上，处于最佳观测位置。

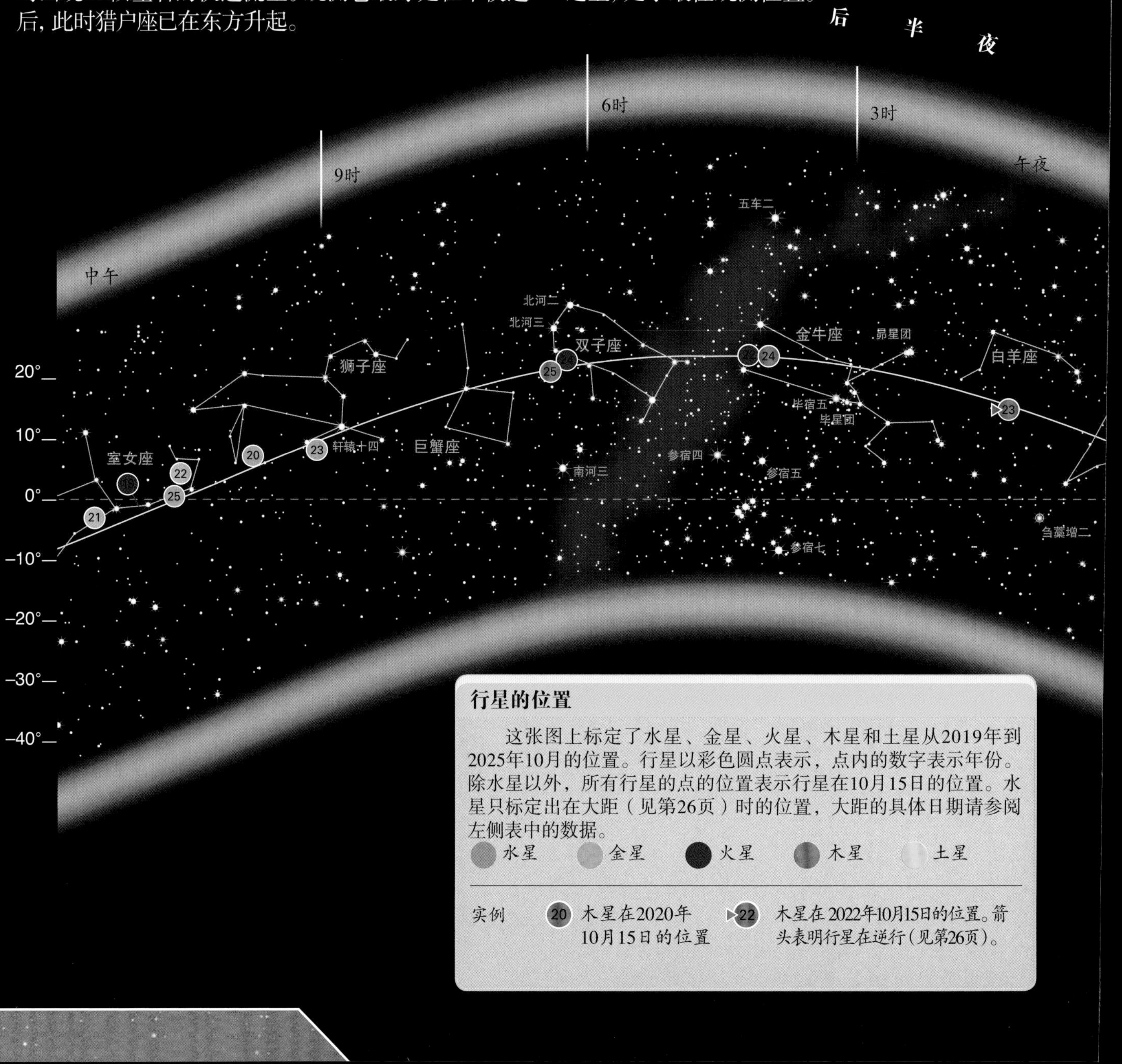

行星的位置

这张图上标定了水星、金星、火星、木星和土星从2019年到2025年10月的位置。行星以彩色圆点表示，点内的数字表示年份。除水星以外，所有行星的点的位置表示行星在10月15日的位置。水星只标定出在大距（见第26页）时的位置，大距的具体日期请参阅左侧表中的数据。

水星　金星　火星　木星　土星

实例　(20) 木星在2020年10月15日的位置　▷(22) 木星在2022年10月15日的位置。箭头表明行星在逆行（见第26页）。

■ 南半球

向北看,飞马座大四边形位于中心位置,左边的三颗星属于飞马座,右边的一颗星属于仙女座。飞马向西飞,马头是由一串星线组成,下面有两条星星连成的线代表马的前腿,这个大四边形构成马的上半身。

仙女座在天空较低的地方,位于飞马座的右边。星座中最亮的星壁宿二标志着公主的头,是大四边形中的第四颗星。仙女座星系(M31)在她的左膝。这个旋涡星系肉眼看来是一个细长的椭圆形,与银河系相似但比银河系大,距离地球250万光年。它的旋臂和两个伴系M32和M110通过天文望远镜可以观测到。用一架小型天文望远镜还可以在仙女的右手边观测到蓝雪球行星状星云NGC 7662。

南鱼座中的亮星北落师门几乎在正头顶上。冬季的三颗星牛郎星、织女星和天津四正在西北方下落。夏季星座金牛座和猎户座开始出现在东方天空。南方的亮星只有明亮的水委一(波江座)高挂在南方地平线上。四个相对较暗且与鸟类有关的星座凤凰座、天鹤座、杜鹃座和孔雀座占据了主要位置。杜鹃座是观测小麦哲伦云和杜鹃座47星团的好地方。靠近东南方地平线的是剑鱼座,这个位置很重要,因为它包含着银河系两个伴系中较大和较近的大麦哲伦云。

大麦哲伦云

透过双筒望远镜和小型天文望远镜可以看出大麦哲伦云中的星团、星云气体和尘埃斑。在它的左上角是蜘蛛星云,星云中包括一个新生恒星组成的星团。肉眼观察,大麦哲伦云是一个长而模糊的光斑。

飞马座,带翅膀的马

飞马座大四边形构成了马的上身,上图中马头在四边形的下面,它的前腿在图右边伸展开。四边形左边的星属于仙女座。靠近地平线的是月球,在它上面的是金星。

11月

两颗著名的星——鲸鱼座的刍藁增二和英仙座的大陵五都挂在天空中，供北方和南方的观测者观看。鲸鱼座和英仙座都与仙女座相连，仙女是英仙从鲸鱼口中救出的公主。北半球的观测者会看到银河在头顶拱起，南半球的观测者会看到四只鸟在等待夏季星空的到来。

■ 北半球

英仙座和仙女座高挂在头顶，仙女的父母仙王座和仙后座在北方。仙女座中有仙女座大星系。英仙座中的大陵五是一对食双星，两颗恒星围绕彼此运行，当亮度较暗的星在较亮的星前面通过时，大陵五的组合亮度会下降，亮度从2.1等变为3.4等，然后又变回原值。

鲸鱼座位于正南方，星座中的红巨星刍藁增二是一颗变星，其亮度变化周期持续11个月，从一颗肉眼可见的2等星变为只有通过天文望远镜才能看到的10等星。双鱼座在鲸鱼座的上方，右边是飞马座四边形。

夏季大三角中的牛郎星（天鹰座）、织女星（天琴座）和天津四（天鹅座）在西北方低空。冬季星座金牛座、双子座和猎户座位于东南方。这个月有两场流星雨，最大流量都在每小时10颗左右，金牛座流星雨在本月第一周达到顶峰，狮子座流星雨的峰值在17日左右。

特殊天象

月相		
	满月	新月
2019年	11月12日	11月26日
2020年	11月30日	11月15日
2021年	11月19日	11月4日
2022年	11月8日	11月29日
2023年	11月27日	11月13日
2024年	11月15日	11月1日
2025年	11月5日	11月20日

日月食

2021年11月19日月偏食. 北美洲和南美洲、北欧、东亚、澳大利亚和太平洋地区可见。
2022年11月8日月全食. 亚洲、澳大利亚、太平洋以及北美洲和南美洲可见。

行星

2019年11月11日
水星凌日. 北美洲东部、南美洲和大西洋地区可以看到整个过程。北美洲中西部、欧洲、非洲、新西兰和太平洋可以看到部分过程。

2019年11月26日
金星和木星黄昏时出现在西方低空，二者之间相距3个月球的宽度。

2019年11月28日
水星西大距，亮度-0.3等。

2020年11月10日
水星西大距，亮度-0.3等。

2023年11月3日
木星冲日，亮度-2.9等。午夜时分在北半球出现在南方天空，在南半球出现在北方天空。

2024年11月16日
水星东大距，亮度-0.1等。

冲和大距的原理见第26页。

狮子座流星雨
上方这张狮子座流星雨的图片是30张照片叠加在一起而来的。流星最容易被观测到的地方是在地平线以上50度左右，距离辐射点30~40度。图中辐射点位于狮子座。

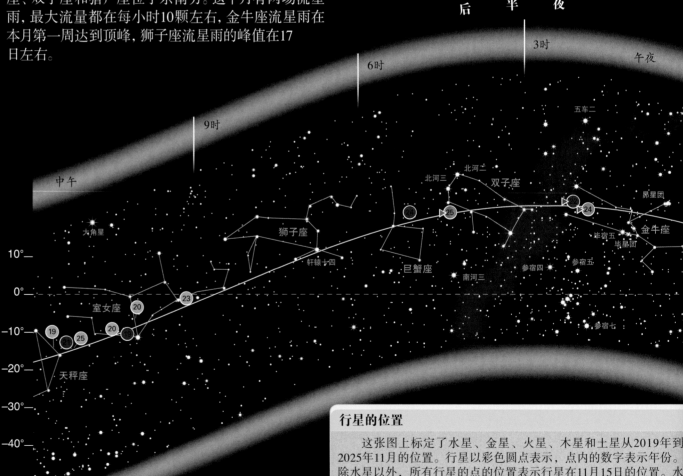

行星的位置

这张图上标定了水星、金星、火星、木星和土星从2019年到2025年11月的位置。行星以彩色圆点表示，点内的数字表示年份。除水星以外，所有行星的点的位置表示行星在11月15日的位置。水星只标定出在大距（见第26页）时的位置，大距的具体日期请参阅左侧表中的数据。

● 水星　　○ 金星　　● 火星　　● 木星　　○ 土星

实例		
20	木星在2020年11月15日的位置	▶24 木星在2024年11月15日的位置，箭头表明行星在逆行（见第26页）。

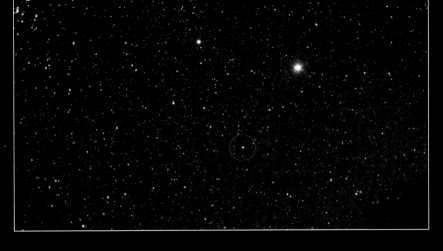

刍藁增二

左图中心被圈出的是变星刍藁增二，此时它的亮度最亮，肉眼可见。这张图中最亮的两颗星实际上是行星，木星在右边，土星在它左侧偏上。

■ 南半球

鲸鱼座位于头顶，星座中的一颗恒星刍藁增二是有名的变星。它是一颗红巨星，其亮度变化周期人约为11个月，最亮时亮度大约是2等，肉眼可见。在它最暗的时候亮度大约为10等，只有通过天文望远镜才能看到。刍藁增二是刍藁型长周期变星的原型。

双鱼座和白羊座在北方分列两边。双鱼座是一个较暗的星座，描绘的是一条绳索连接的两条鱼。它最亮的α星代表把鱼绑在一起的绳结，用一架较大的天文望远镜可以将它分解为两颗星。双鱼座下方和东北方分别是飞马座和仙女座，它们通过飞马座大四边形相连。仙女座星系所处的高度足够可以观测到。

11月是同时观测仙女座和英仙座的时机。英仙杀死了海怪鲸鱼座，以阻止它吞食仙女。此时英仙座就在东北方

地平线附近，英仙座β也被称为大陵五，是一对著名的食双星。它由两颗围绕着彼此运转的恒星组成，它们加在一起的亮度是2.1等，但当较暗的子星从较亮的了星前方经过时，亮度会下降到3.4等。这种亮度变化肉眼可以察觉到，光变周期是69小时，从亮度下降到恢复正常大约要花10个小时。

波江座的水委一占据了南天的中心位置。它的西边是南鱼座的北落师门。这条鱼是双鱼座中一条鱼的母亲，正痛饮着右侧宝瓶座的水罐中流淌出的水。四个鸟类星座凤凰座、天鹤座、杜鹃座和孔雀座位于西南方天空。在杜鹃座中可以看到小麦哲伦云，左边的大麦哲伦云在剑鱼座。这两个不规则星系都可以用肉眼看到。用双筒望远镜或天文望远镜可以看出其中单个的星团和星云。老人星是一颗白色的超巨星，也是全天第二亮的恒星，它位于东南方。在远处的东方有全天最亮的天狼星（大犬座）。金牛座、猎户座和大犬座出现在地平线上是夏季即将来临的信号。

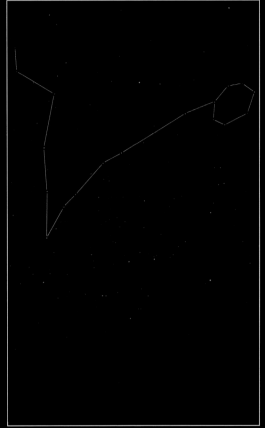

双鱼座

双鱼座的特点是由七颗星组成的环，标志着两条鱼中的一条鱼的身子。双鱼座α（左下）代表将鱼绑在一起的绳索打的绳结。

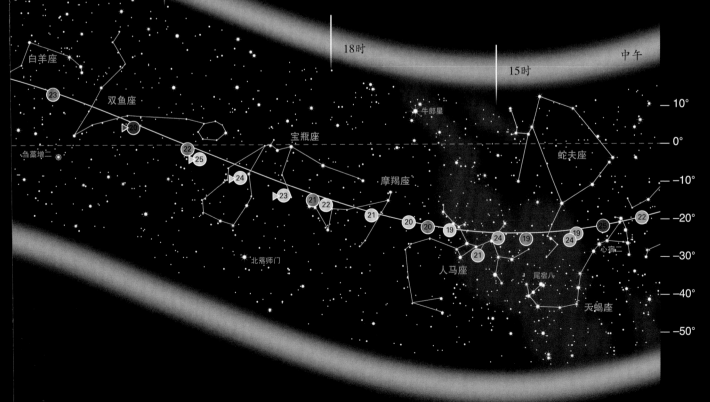

11月

119

12月

金牛座是观测漂亮星团的理想场所。这个月也提供了让我们第一次好好看看猎户座的机会，因为它在天空中移动的位置更高了。12月21日至22日，太阳位于天赤道以南的最远点。北半球的夜晚是一年中最长的，而南半球的夜晚最短。

■ 北半球

冬季的星座占据了南方一半的夜空，几乎位于正南方高空的金牛座在最前面领路，猎户座在东南方，双子座占据东边的天空。双鱼座和鲸鱼座这两个水族星座已经移向西边的地平线。猎户座一上一下闪烁着两颗明亮的星星：全天第六亮的恒星御夫座五车二在头顶闪耀着黄色的光芒；白色的天狼星位于东南方地平线附近，它是全天最亮的恒星。

金牛座由于其独特的外形很容易看出来。星座中的星星连线表现了公牛的头和肩膀，明亮的红巨星毕宿五是它的眼睛。公牛脸上有一个疏散星团毕星团，毕宿五看起来是它的成员，但实际上到地球的距离只有毕星团的一半。用肉眼可以很容易地看到毕星团，双筒望远镜可以看到星团中更多的星星。第二个星团是昴星团（M45），它标志着公

牛背部的起点。肉眼能看见大约六颗星，用双筒望远镜可以看到几十颗。透过天文望远镜可以在一只牛角尖附近看到蟹状星云（M1），它是1054年爆发的一颗恒星的残骸。

在北方，大熊座和小熊座都在北极星之下。仙女座和英仙座仍然在头顶。在英仙座手中肉眼可见的一个光斑是双星团。双子座流星雨是第二个绝佳的流星雨，在本月13日达到峰值，每小时看到的流星数能达到100颗。

双星团

双星团是英仙座内的一对疏散星团。NGC 884在左边，NGC 869在右边。每个星团中都有数百颗恒星。肉眼看起来它们是银河中一个更明亮的区域。

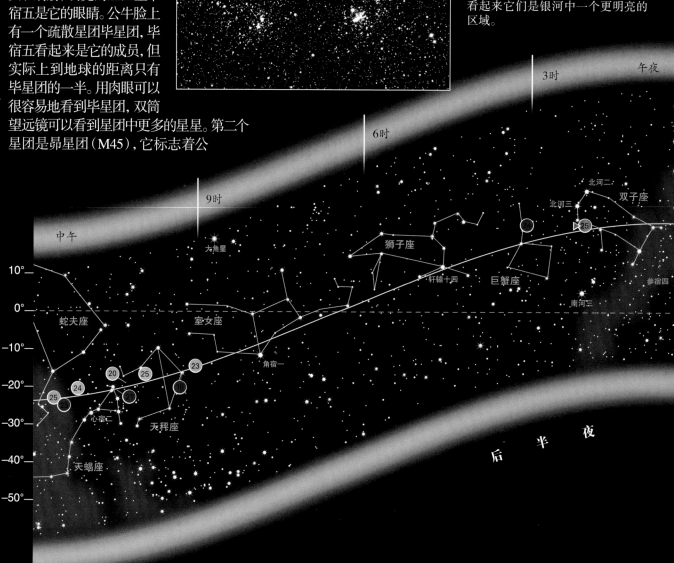

老人星

全天第二亮的恒星老人星是一颗白色的超巨星,距离地球310光年,亮度0.6等,肉眼很容易看到。它是一颗真正明亮的恒星,如果它距离地球和太阳一样,它的亮度将超过太阳14000倍。

南半球

朝北看去,随着夏季星座在东方升起,春天的星座宝瓶座、双鱼座和飞马座正朝着西边的地平线移动。猎户座上下颠倒的猎人形象出现则宣布夏天快到了。在它的两侧,左下角是金牛座,右下角是大犬座。下面是孪生兄弟双子座,标志两兄弟头部的两颗亮星北河二和北河三靠近东北方的地平线,他们的腿指向猎户座。

金牛座只有公牛的前半部分,在南半球看,它面向它升起的东方,肩膀和头接近地平线,前腿指向头顶的天空。昂星团(M45)是天空中非常漂亮的疏散星团之一,标志着公牛的肩膀。用肉眼可以辨别出六颗星,视力敏锐的人可以看到七颗星,这就产生了星团的另一个名字——七姐妹星团。在光学仪器的辅助下可以看到更多的星。公牛的脸构成了第二个星团——V形的毕星团,肉眼可见它的十几颗星。代表一只牛眼睛的红星毕宿五和毕星团其实没有关系。

波江座位于头顶。这条蜿蜒曲折的长河起源于猎户座明亮的亮度0.2等的蓝超巨星参宿七。波江座从头顶流向南边的地平线,终止在正南方偏右的水委一。明亮的白色老人星(船底座)在水委一的左边。在它们之间,但更接近地平线的是两个星系:大麦哲伦云和小麦哲伦云。

最亮的恒星大犬座的天狼星在东方闪耀着光芒。天狼星是位于东方的一个三颗星组成的三角形的一角,另外两颗星是猎户座的参宿四和小犬座的南河三。

毕星团和昴星团

上图中下方偏左侧的V形星团是金牛座中代表牛脸的毕星团。其中最亮的恒星是毕宿五,不过它不是星团的成员。中央偏右的一团恒星是昴星团。

行星的位置

这张图上标定了水星、金星、火星、木星和土星从2019年到2025年12月的位置。行星以彩色圆点表示,点内的数字表示年份。除水星以外,所有行星的点的位置表示行星在12月15日的位置。水星只标定出在大距(见第26页)时的位置,大距的具体日期请参阅对页中的表。

| ● 水星 | ● 金星 | ● 火星 | ● 木星 | ● 土星 |

实例　㉒ 木星在2020年
12月15日的位置　　▶㉓ 木星在2023年12月15日的位置。箭头表明行星在逆行(见第26页)。

词汇表

口径
天文望远镜或双筒望远镜中主镜的直径。大口径望远镜比小口径望远镜能看到更多的细节和更暗的天体。

视星等
从地球上看到的天体的亮度。这取决于天体的真实亮度和它与地球的距离。

星群
恒星组成的一种图案，其中的恒星要么是一个星座的一部分，要么是几个星座的成员。比如大熊座的北斗七星。

小行星
围绕太阳运行的岩质天体，直径小于1000千米。

天文单位
一种适于在太阳系内使用的距离度量单位，定义为地球和太阳之间的平均距离（149597970千米）。

天体摄影
对夜空中的天体进行摄影，也包括太阳和日月食摄影。

双星
两颗在引力作用下围绕一个共同的质心相互绕转的恒星。

天球赤道
地球赤道对应在天上，天球赤道是地球赤道平面与天球面相交的一条线。

天极
地球两极对应在天上，夜空看起来是绕着穿过天极的一个轴旋转。

天球
一个环绕地球的假想球体，所有天体看起来都位于天球上。

造父变星
亮度变化周期与恒星的实际亮度有关的一类变星。这种变星被用作测量天体的距离。

彗星
一个围绕太阳运行的冰质天体，当它进入内太阳时，可能会产生一条明亮的尾巴。

合
在夜空中的天体排成一线，其中一个天体在另一个天体前面经过。特别是从地球上看到行星与太阳排成一线。

星座
由国际天文学联合会确定的具有边界的夜空中的区域。星座数量为88个。

赤纬
相当于地球纬度对应在天上。它是一个天体与天赤道之间的夹角，以度为单位。天赤道的赤纬为0度，天极为90度。

深空天体
太阳系以外不包括恒星在内的所有天体。

弥漫星云
由嵌入其中的恒星照亮的一团气体和尘埃云。

视双星
两颗没有物理联系但从地球上看去靠得很近的恒星。

矮行星
一个大到接近球形的天体，但还没有清除它轨道附近的其他天体。

矮星
一颗在演化过程末期失去大部分质量的恒星。

食
一个行星或卫星与太阳呈一条直线，在另一天体上投下阴影的现象。月食期间，地球的影子投射在月球上。日食期间，月球的影子投射在地球上。

黄道
地球绕太阳运行的轨道平面，或是该平面在天球上的投影。

距角
从地球上看太阳和行星之间的角距。也用作内行星水星或金星和太阳之间的最大角距（大距）的时间。

星系
恒星、气体和尘埃组成的一个巨大质量的天体，包含数百万到数十亿颗恒星。星系的大小和形状各不相同，直径从数千到数十万光年不等。

巨星
一颗在接近生命周期终点急剧膨胀的恒星。

球状星团
一个由恒星组成，在引力作用下结合在一起的球形天体，包含数万到数十万颗恒星。

光年
光在一年中行进的距离，即94607亿千米。

边缘
月球或行星观测到的圆面外缘。

本星系群
一个由40多个星系组成的小星系团，包括我们的银河系。

长时间曝光拍摄
为记录非常微弱的天体，照相机快门保持常开的夜空摄影，通常需要几个小时。

光度
对天体产生的光量的一种度量。

星等
天体的亮度，以数字表示，天体越亮星等数值越小，甚至是负值，越暗的天体星等数值越大。

月海
月球上被熔岩填满的黑暗低洼的区域，源于拉丁语中的"海"。

流星
太空中一小块岩石颗粒进入地球大气层时产生的一条光痕。

陨石
到达地球（或另一天体）表面的太空岩石。

银河
在晴朗黑暗的夜晚可见的一条微弱的光带，由数以百万计的恒星组成。是地球所在星系的俗称。

聚星

在引力作用下结合在一起并在各自轨道上运行的恒星系统。聚星至少由三颗星组成，有的多达十几颗星。

星云

由气体和尘埃组成的云团，由于被内部或附近的恒星照亮或者遮挡住背后的星光而可见。

疏散星团

几百颗由引力束缚在一起的一组恒星。位于星系的旋臂上。

冲

外行星与地球处于与太阳完全相反的一侧，此时这颗行星离地球最近，因此看起来最亮。

轨道

行星、小行星或彗星围绕太阳，或是卫星围绕其母体行星运行的路径。

视差

从两个不同的地点观察，天体位置可见的明显位移。位移量取决于天体的距离和两个观测地点之间的距离。

相位

从地球上看到的月球或内行星被阳光照亮的部分。在满相位时，天体面向地球的一面被完全照亮；在新相位时，天体完全处于阴影中；蛾眉相位、半相位和凸形相位介于二者之间。

行星状星云

一颗恒星在其演化末期所抛出的气体外壳。在小型天文望远镜中，这层外壳看起来像行星的圆面。

岁差

地球自转轴方向的逐渐移动。当前指向北极星，但它正在25800年的周期中缓慢移动。

射电源

用探测无线电波的仪器观察时显得明亮的天体。

反射望远镜（反射镜）

利用反光镜收集和聚焦光线的一种望远镜。

折射望远镜（折射镜）

用透镜收集和聚焦光线的一种望远镜。

浮土

月球或行星表面的松散物质或"土壤"。

分辨力

探测天体细节的能力，例如月球上的环形山或分离的双星。望远镜的口径越大，它的分辨能力就越大。

逆行

行星相对于背景恒星通常是向东运动，在冲日期间会向相反的方向逆向运行。

逆向旋转

一颗行星或卫星在它的轨道上向相反的方向旋转。所有的行星都以太阳自转的方向围绕着太阳运行，从太阳北极上方看是逆时针的。大多数行星也逆时针

旋转。金星和天王星是逆向旋转的，与逆时针轨道相比它们的自转是顺时针的。

赤经

在天球上相当于地球上的经度。它是以小时（1小时是15度）为单位测量的，从3月份太阳穿过天赤道的那一点算起。

太阳风

从太阳向外连续发出的带电粒子（电子和质子）。

光谱型

一种根据恒星的光谱特征分配给它的字母编码。炽热的年轻恒星是O、B和A型，温度较低的年老恒星是F、G、K和M型。

光谱

天体所发出的光线的波长排列，包括所有发射线和吸收线。天体的光谱确定了它的化学和物理性质。

恒星

一个巨大的气体球，由于其核心内部的热核反应而发出光和热。

超巨星

比太阳质量至少大10倍的恒星。超巨星正处于演化的末期，直径可能比太阳大数百倍，比太阳亮数千倍。

超新星

一颗恒星发生异常剧烈的爆炸，在此期间它抛出它的外层大气，亮度比它所在的整个星系还要亮。

超新星遗迹

在超新星爆发过程中被喷射出来的恒星的外层物质以很高的速度进入太空。

明暗界线

月球或行星表面被阳光照射区域的边缘，在那里其表面开始进入黑暗区域。

凌

从地球上看，行星在太阳前面经过，或卫星在其母体行星前面经过。

变星

一颗看起来亮度会改变的恒星。这可能是由恒星内部的物理变化引起的，也可能是恒星被伴星遮住引起的。

沃尔夫-拉叶星

产生强烈恒星风的炽热的大质量恒星。

黄道带

黄道两侧各9度范围的天区，太阳、月球和行星在区域内运行。

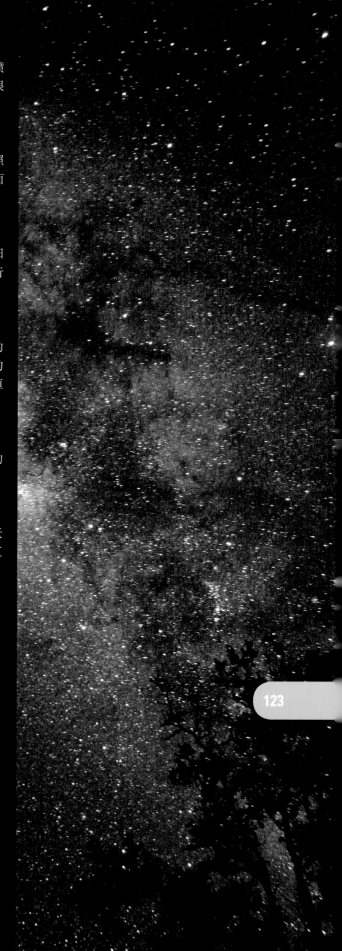

致　谢

For their work on the revised edition, **Dorling Kindersley** would like to thank: Carole Stott for compiling revisions; Fleur Star, Peter Frances, and Martyn Page for editorial work; Shahid Mahmood and Francis Wong for design work; Satish Gaur and Sunil Sharma for DTP work; and Priyanka Bansal, Emma Dawson, Rakesh Kumar, Sophia MTT, Priyanka Sharma, Saloni Singh, and Surabhi Wadhwa-Gandhi for jacket editorial, design, and DTP work.

For their work on previous editions, Dorling Kindersley would like to thank Heather McCarry for design consultancy and David Hughes for his contribution to the sections on Mercury, Venus, and the Moon. The planisphere artwork and the star charts on pp.32–33 were produced by Giles Sparrow and Tim Brown.

Sands Publishing Solutions would like to thank Hilary Bird for compiling the index and Robin Scagell for his assistance with images.

Photography credits
The publisher would like to thank the following for their kind permission to reproduce their photographs:

Key: a=above; b=below/bottom; c=center; l=left; r=right; t=top
1 Science Photo Library: Fred Espenak (c).
2–3 Ali Jarekji/Reuters/Corbis: (l, r).
4–5 Corbis: Roger Ressmeyer.
6–7 HubbleSite: NASA, ESA, S. Beckwith (STScI), and the Hubble Heritage Team (STScI/AURA).
8 Corbis: Daniel J. Cox.
9 Corbis: Terra.
10–11 Martin Pugh.
12 Corbis: Tony Hallas/Science Faction.
13 Jerry Lodriguss/Astropix LLC.
14–15 Corbis: Tom Fox/Dallas Morning News.
16–17 (c), 18–33 (borders) NASA, ESA, and A Nota (STScI/ESA).
18 Detlav Van Ravensway/Science Photo Library: (cr). NASA: (tl, bc, cl, c, br).
19 NASA: (bl, bc). Science Photo Library: Mark Garlick (c); Tony and Daphne Hallas (br); David A Hardy, Futures: 50 years in space (cl). Robert Williams and the Deep Field Team (STScI) and NASA: (cr).
22 Galaxy Picture Library: Robin Scagell (bl,bc,br).
24 Galaxy Picture Library: David Cortner (tr); Robin Scagell (br). NASA, ESA, and the Hubble Heritage Team (STScI/AURA) (cr).
25 Till Credner (www.allthesky.com): (bl). NOAO (br). Science Photo Library: John Chumack (bc).
26 Galaxy Picture Library: Robin Scagell (tl).
27 Galaxy Picture Library: Jon Harper (bl). Science Photo Library: Eckhard Slawik (c, tr).
28 Science Photo Library: Chris Butler (cl); Celestial Image Co (tl); Stephen and Donna O'Meara (r).
29 HST/NOAO, ESA, and the Hubble Helix Nebula Team, M Meixner (STScI), and TA Rector (NRAO): (cr). Sven Kohle (www.allthesky.com): (br). NASA, ESA, and the Hubble Heritage Team (STScI/AURA): (brr).NOAO/AURA/NSF: (brB). NOAO: (c, crr). MPIA-HD/Birkle/Slawik: (b). Science Photo Library: Celestial Image Co (car); John Chumack (tc); Eckhard Slawik. Loke Tan (www.starryscapes.com): (ca).
30 Dorling Kindersley: Gary Ombler (tl); Andy Crawford (bc).
31 Galaxy Picture Library: Robin Scagell (c, ca, r). Dave Tyler/Galaxy (rb)
34–35, 36–55 (borders) NASA/JPL.
37 Alamy: Yendis (br). NASA/JPL-Caltech: (brr). NASA/JPL-Caltech/USGS/Cornell: (cla). NASA/JPL/Space Science Institute: (cr, crr). NASA/JPL/University of Arizona: (c).
38 SOHO (ESA and NASA): (c).
39 Alamy: John E. Marriott (br). Dorling Kindersley: Andy Crawford (b, bl). Science Photo Library: John Chumack (tr); Jerry Lodriguss (brr).
40 NASA/JPL-Caltech: (c).
41 NASA: (t, tc, tr). Galaxy Picture Library: Robin Scagell (br, brr). Science Photo Library: John Foster (bc).

42 Alamy: Matthew Catterall (tl). Galaxy Picture Library: Robin Scagell (cl, bcl). NASA/JPL/USGS: (c).
43 Galaxy Picture Library:ESO (tr).Thierry Legault (tcr, tcrb).Robin Scagell (tcl,b).
44 Galaxy Picture Library: Martin Ratcliffe (b). NSDCC/GSFC/NASA: (tl, tc, c).
45 Galaxy Picture Library: Damian Peach (bc); Robin Scagell (bl). NASA: (c, cl, cr, tr). SOHO (ESA and NASA): (br).
46 USGS: (c).
47 ESA/DLR/FU Berlin (G.Neukum): (tc). Galaxy Picture Library: Robin Scagell (bl, bc). NASA: (tr, cr). NASA/JPL/Cornell: (cra).
48 NASA/JPL/University of Arizona: (c).
49 Galaxy Picture Library: Robin Scagell (b). NASA: (tr, c). NASA: Johns Hopkins University Applied Physics Laboratory/Southwest Research Institute/Alex Parker (crb).
50 NASA/JPL/Space Science Institute: (c, tl).
51 Galaxy Picture Library: Robin Scagell (b). NASA/JPL/Space Science Institute: (tr, c). NASA and the Hubble Heritage Team (STScI/AURA): (crb).
52 Galaxy Picture Library: Robin Scagell (br). NASA/JPL: (cl, cr, tl, tr).
53 NASA/ESA: (bc, br). WM Keck Observatory: (bl).
54 Galaxy Picture Library: Robert McNaught (c). NASA/JPL: (bl). NASA/JPL-Caltech/UMD: (tl).
55 Dorling Kindersley: Colin Keates, Courtesy of the Natural History Museum, London (cr). Getty Images: JAXA/Michael Benson/Corbis Documentary (br)
56–57 Getty Images: Hulton Archive.
58 Galaxy Picture Library: Robin Scagell (tl).
58–95 Getty Images: Hulton Archive (borders).
77 Galaxy Picture Library: Y. Hirose (clb).
79 Galaxy Picture Library: Chris Picking (tr).
96–97, 98–121 (borders) Science Photo Library: David Nunuk.
98 Till Credner (www.allthesky.com): (cl).
99 Till Credner (www.allthesky.com): (cr). Galaxy Picture Library: Yoji Hirose (tl).
100 Galaxy Picture Library: Robin Scagell (c).
101 Galaxy Picture Library: Robin Scagell (cr). NOAO/AURA/NSF: NA Sharp (tl).
102 Galaxy Picture Library: NOAO/AURA/NSF/Adam Block (c).
103 Galaxy Picture Library: Yoji Hirose (tc); Robin Scagell (cr).
104 Till Credner (www.allthesky.com): (cr).
105 Till Credner (www.allthesky.com): (tl). Galaxy Picture Library: NOAO/AURA/NSF/Todd Boroson (cr).
106 Galaxy Picture Library: Damian Peach (cra).
107 Till Credner (www.allthesky.com): (cra). Galaxy Picture Library: NOAO/AURA/NSF (cl); Robin Scagell (tl).
108 Till Credner (www.allthesky.com): (tr). Galaxy Picture Library: Damian Peach (tr/insert).
109 Galaxy Picture Library: Robin Scagell (tr). NOAO/AURA/NSF: NA Sharp, Mark Hanna, REU Program (cla).
110 Galaxy Picture Library: Robin Scagell (cra).
111 Till Credner (www.allthesky.com): (tr). NOAO/AURA/NSF: (tl).
112 Galaxy Picture Library: Robin Scagell (tr).
113 Galaxy Picture Library: Yoji Hirose (tr). NOAO/AURA/NSF: (cl).
114 Till Credner (www.allthesky.com): (ca).
115 Galaxy Picture Library: Chris Livingstone (tl); Michael Stecker (cra).
116 Galaxy Picture Library: Yoji Hirose (cra).
117 Till Credner (www.allthesky.com): (cr). Galaxy Picture Library: Chris Livingstone (cla).
118 Galaxy Picture Library: Juan Carlos Casado (cra).
119 Till Credner (www.allthesky.com): (cr). Galaxy Picture Library: Robin Scagell (tl).
120 NOAO/AURA/NSF: NA Sharp (c).
121 Galaxy Picture Library: Gordon Garradd (tl); Robin Scagell (cr).
124–128 Science Photo Library: Stephen and Donna O'Meara (r).

Endpapers: NASA: ESA, M Robberto (Space Telescope Science Institute/ESA) and the Hubble Space Telescope Orion Treasury Project Team.

Jacket front and inside: Science Photo Library: Russell Croman

All other images © Dorling Kindersley
For further information, see: www.dkimages.com